地区电网智能调控
技术与应用

国网河北省电力有限公司邯郸供电分公司　编

中国电力出版社
CHINA ELECTRIC POWER PRESS

内 容 提 要

本书以全面提升电网调控作业质量和精益化管理水平为目标，围绕地区电网倒闸操作、运行监视、系统调整、应急处置等核心业务，把杜绝调度误下令、误开竣工和防止监控误遥控、漏信号作为重点，按照"战略引领、技术驱动"主题思路，结合电网调控运行实践做法和工作经验精心编著。本书主要内容有调度控制操作、电网运行监视、故障异常处置、变电站设备监控信息联调验收等。

本书适用于全国各市县供电公司调度、监控、变电运维、输电运检等专业人员普及性学习、无门槛应用。

图书在版编目（CIP）数据

地区电网智能调控技术与应用 / 国网河北省电力有限公司邯郸供电分公司编. —北京：中国电力出版社，2020.11
ISBN 978-7-5198-4703-6

Ⅰ. ①地… Ⅱ. ①国… Ⅲ. ①地区电网–电力系统调度 Ⅳ. ①TM727.2

中国版本图书馆 CIP 数据核字（2020）第 101108 号

出版发行：中国电力出版社
地　　址：北京市东城区北京站西街 19 号（邮政编码 100005）
网　　址：http://www.cepp.sgcc.com.cn
责任编辑：陈　倩　关　童
责任校对：王小鹏
装帧设计：王红柳
责任印制：石　雷

印　　刷：三河市百盛印装有限公司
版　　次：2020 年 11 月第一版
印　　次：2020 年 11 月北京第一次印刷
开　　本：710 毫米×1000 毫米　16 开本
印　　张：11.5
字　　数：184 千字
印　　数：0001—1000 册
定　　价：50.00 元

编 委 会

编 写 组

前　言

随着电力行业深刻变革和能源向清洁低碳转型的深入推进，在技术装备方面，许多新技术、新设备在电网中得到了广泛应用，电网结构、运行特性、平衡格局和外部环境发生了深刻变化；在运行管理方面，电网接入设备类型和数量越来越多，电网形态越来越复杂，对供电可靠性要求也持续提高，随之而来的许多新业务、新流程也在陆续纳入电网调控运行范畴。

新形势下，国网河北省电力有限公司邯郸供电分公司守正创新、担当作为，以电网智能调控需求为导向，以电网安全稳定运行为核心，把大电网安全运行风险防范作为重点，围绕提高电网运行技术强化调控精益管理，依托智能电网调度技术支持系统和调度管理系统，坚持创新驱动，技术攻关，强化组织，整合资源，全面梳理调控运行业务痛点、盲点，大力推进技术创新和管理创新，进一步明确职责分工，优化业务流程，完善制度标准，强化考核落实，控制运作风险，为全面实现电网调控业务智能化作业、精益化管理、体系化防控，开展了大量卓有成效的工作，取得了多项电网调控技术突破和研发多项科技成果，有效地提升了电网精益化技术应用水平和调控运行管理作业效率，为电网安全稳定运行提供了充足有效的技术支撑，开创了智慧调控、精益管控的新模式、新时代，成为积极贯彻落实国家电网有限公司发展战略目标的实践典范。

为全面总结典型工作经验，积极推广先进技术应用，满足广大员工培训和推进公司战略落地实施需要，国网河北省电力有限公司邯郸供电分公司以"装东锋创新工作室"为依托，组织多名电网调控运行专家人才，结合电网调控运行和创新技术研发过程中积累的实践经验，特编写本书。该书以全面提升电网调控作业质量和精益化管理水平为核心目标，以"战略引领、技术驱动"为主题，围绕地区电网倒闸操作、运行监视、系统调整、应急处置等核心业务，在防止调度误下令、误开竣工，防止监控误遥控、漏信号等方面实施了系列技术创新和管理创新，具备技术先进、内容实用、逻辑严谨、适用性强等特点，适用于全国各市县供电公司普及性学习、无门槛应用，能够科学指导其安全、规范、高效地开展电网调控运行业务。

在本书的编写过程中，得到了很多专家及相关专业技术人员的大力支持和帮助，在此一并表示感谢。

由于作者水平有限，书中若有不足之处，恳请广大读者批评指正。

编　者

2020 年 3 月

目　录

前言

第一章　调度控制操作 ………………………………………………………… 1

　第一节　调度控制操作工作概述 ………………………………………………… 1

　　一、调度倒闸操作 ……………………………………………………………… 1

　　二、监控遥控操作 ……………………………………………………………… 2

　　三、调度控制操作安全风险防控措施 ………………………………………… 4

　第二节　调度控制操作新技术 …………………………………………………… 8

　　一、调度指令智能管控技术 …………………………………………………… 8

　　二、智能批量遥控技术 ………………………………………………………… 23

　　三、集中遥控操作智能防误闭锁技术 ………………………………………… 36

　　四、主站调用站端"一键顺控"技术 ………………………………………… 50

　　五、敞开式隔离开关"一键远控"技术 ……………………………………… 59

　　六、变压器中性点隔离开关远程综合控制技术 ……………………………… 70

　第三节　调度控制操作工作典型案例解读分析 ………………………………… 76

第二章　电网运行监视 ………………………………………………………… 80

　第一节　电网运行监视概述 ……………………………………………………… 80

　　一、电网运行监视工作特点 …………………………………………………… 80

　　二、电网运行监视管理规定 …………………………………………………… 81

　　三、电网运行常用监视系统 …………………………………………………… 82

　　四、电网运行监视安全风险辨识 ……………………………………………… 89

　　五、110、220kV 智能变电站典型监控信息释义及处置 ……………………… 91

第二节　电网设备运行监视告警新技术 ……………………………… 107

一、"4＋1"模式的电网频发监控信息智能告警及综合治理技术 ……… 107

二、基于"互联网＋"的变电站智能巡检机器人监测系统 ………… 114

第三节　电网运行监视典型案例解读分析 …………………………… 122

一、典型案例1：倒闸操作伴生信号夹杂设备异常信号造成误判 ……… 122

二、典型案例2：认真巡视、消除隐患，避免设备故障停电 …………… 123

第三章　故障异常处置 …………………………………………… 125

第一节　电网故障异常处置概述 ……………………………………… 125

一、地区电网常见故障类型及特点 …………………………………… 125

二、电网异常故障处置管理规定 ……………………………………… 126

三、电网故障处置工作流程 …………………………………………… 127

四、电网故障异常处置安全风险防控措施 …………………………… 127

第二节　电网故障异常处置新技术 …………………………………… 131

一、电网单相接地智能诊断及立体化告警技术 ……………………… 131

二、"三跨"线路故障处置智能辅助决策平台 ……………………… 137

第四章　变电站设备监控信息联调验收 ………………………… 149

第一节　变电站设备监控信息联调验收工作概述 …………………… 149

一、变电站设备监控信息联调验收工作特点 ………………………… 149

二、变电站设备监控信息联调验收管理规定 ………………………… 150

三、变电站设备监控信息联调验收工作主要流程 …………………… 152

四、变电站设备监控信息联调验收工作技术要求及安全措施 ………… 155

第二节　变电站设备监控信息联调验收新技术 ……………………… 157

一、监控信息智能对点自验收技术 …………………………………… 157

二、移动模拟主站验收监控信息技术 ………………………………… 166

第三节　变电站监控信息联调验收工作典型案例解读分析 ………… 169

一、典型案例1：遥控调试验收不规范造成误控运行设备 …………… 169

二、典型案例2：联调验收正确，投运后发现主变压器遥测值

显示错误 ………………………………………………………… 172

第一章

调 度 控 制 操 作

第一节　调度控制操作工作概述

电气设备分为运行、热备用、冷备用、检修四种状态。将设备由一种状态转变为另一种状态的过程叫倒闸，所进行的操作叫作倒闸操作。通过安全规范高效地开展倒闸操作，可以满足调控运行、设备检修、应急处置、基建投运等需求，保证电网的安全稳定运行和向用户的连续可靠供电。倒闸操作可以通过采取就地操作和遥控操作的方式完成。调度控制操作是指在电网集中调控模式下，依据规程制度管理要求和岗位职责分工，调控机构值班调度员实施的倒闸操作指令下达和监控员开展的远方遥控操作。概括而言，调度控制操作包括调度倒闸操作和监控遥控操作两种。调度控制操作必须保证正确无误、标准规范，否则一旦发生误下令、误遥控情况，将会直接危及电网安全稳定运行，造成电气设备故障或停电，因此必须加强安全风险管控，确保倒闸操作万无一失。

一、调度倒闸操作

调度倒闸操作就是指调控机构值班调度员在管辖范围内，向操作人员下达调度指令，指挥其完成倒闸操作的工作行为，涵盖调度指令的编辑、审核、批准、执行等环节。倒闸操作应根据值班调度员或运行值班负责人的指令受令人复诵无误后执行。

调度倒闸操作前应考虑以下问题：

（1）接线方式改变后电网的稳定性和合理性，有功、无功功率平衡及备用容量，水库综合运用及新能源消纳，防止发生故障的对策。

（2）操作引起的输送功率、电压、频率的变化，潮流超过稳定限额、设备过负荷、电压超过正常范围等情况。

1

（3）继电保护及安全自动装置运行方式是否合理，变压器中性点接地方式、无功补偿装置投入情况，防止引起过电压。

（4）操作后对设备监控、通信、远动等设备的影响。

调度倒闸操作原则上应填写操作指令票，但下列情况值班调度员可以不用填写操作指令票，但应做好记录：

（1）投退 AGC 功能或变更区域控制模式。

（2）投退 AVC 功能、无功补偿装置。

（3）发电机组启停。

（4）计划曲线更改及功率调整。

（5）故障处置。

调度倒闸操作指令票分为计划操作指令票和临时操作指令票。计划操作指令票应依据停电工作票拟写，必须经过拟票、审票、下达预令、执行、归档五个环节，其中拟票、审票不能由同一人完成。临时操作指令票应依据临时工作申请和电网故障处置需要拟写，可不下达预令。拟写操作指令票前，拟票人应核对现场一次、二次设备实际状态。操作指令票应做到任务明确、票面清晰，正确使用设备双重命名和调度术语。拟票人、审核人、预令通知人、下令人、监护人必须签字。

值班调度员在发布指令时，应准确、清晰，使用规范的调度术语和设备双重名称，即设备名称和编号。发令人和受令人应先互报单位和姓名，发布指令的全过程（包括对方复诵指令）和听取指令的报告时双方都要录音并做好记录。对于无人值守的变电站，原则上由值班调度员下达操作指令至相关调控机构值班监控员。特殊情况下，值班调度员可以直接下达设备操作指令至输变电设备运维人员。对于有人值班的厂站，应由值班调度员直接下达操作指令至厂站运行值班人员。操作人员（包括监护人）应了解操作目的和操作顺序。对指令有疑问时应向发令人询问清楚无误后执行。

二、监控遥控操作

遥控操作是指以提高变电站一次、二次设备可靠性和通信自动化为前提，从调度端或集控站发出一条远方操作指令，以微机监控系统或变电站的 RTU 当地功能为技术手段，对一定区域内远方的变电站一次、二次设备实现远方控制操作。遥控操作相较于传统的现场倒闸操作，在提高电网倒闸操作效率、降低供电企业人力物力成本、缩短电气设备因事故停运时间等多方面存在巨大优势。

　　电网实行集中调控模式后，由调控机构监控员对变电站设备进行远方遥控操作成为电网倒闸操作的一种主要的模式，且日益发挥着重要的作用，包括单设备遥控操作和程序化遥控操作两种模式。

　　常规的单设备遥控是指操作人和监护人分别使用一台终端控制机，各自先后输入用户名和口令后，经另一台终端控制机安全校验通过后，完成一台设备的远方控制操作。它按照遥控选择、遥控预置、遥控执行三个步骤进行，只有当预置正确时才能进行执行操作。

　　程序操作是遥控操作的一种，但程序操作时发出的远方操作指令是批命令。程序遥控操作又可进一步分为顺序遥控操作和批量遥控操作。顺序遥控操作是指将需要连续操作的多个设备按照一定的先后逻辑关系列入同一个操作指令，各设备之间是串行关系，一次启动即可完成，某一步骤操作失败将导致整个操作程序自动终止。批量遥控操作是指将需要同时操作的多个设备列入同一个操作指令，各设备之间是并行关系，一次下令即可完成，某一设备操作失败不影响对其他设备的操作。

　　可由调控中心值班监控员进行的远方操作包括一次设备计划停送电操作，故障停运线路远方试送操作，无功设备投切及变压器有载调压分接头操作，负荷倒供、解合环等方式调整操作，小电流接地系统查找接地时的线路试停操作，以及其他按调度紧急处置措施要求的开关操作。

　　严禁调控中心值班监控员进行的远方操作包括：开关未通过遥控验收，开关正在检修（遥控传动除外），集中监控功能（系统）异常影响开关遥控操作，一次、二次设备出现影响开关遥控操作的异常告警信息，未经批准的开关远方遥控传动试验，不具备远方同期合闸操作条件的同期合闸，输变电设备运维单位明确开关不具备远方操作条件。

　　监控远方操作前，值班监控员应考虑设备是否满足远方操作条件以及操作过程中的危险点及预控措施，并拟写监控远方操作票，操作票应包括核对相关变电站一次系统图、检查设备遥测遥信指示、拉合开关操作等内容。

　　监控远方操作中，严格执行模拟预演、唱票、复诵、监护、记录等要求，若电网或现场设备发生故障及异常，可能影响操作安全时，监控员应中止操作并报告相关调控机构值班调度员，必要时通知输变电设备运维人员。

监控远方操作前后，值班监控员应检查核对设备名称、编号和开关、隔离开关的分、合位置。若对设备状态有疑问，应通知输变电设备运维人员核对设备运行状态。

三、调度控制操作安全风险防控措施

国家电网有限公司《电网调度控制运行安全风险辨识手册》对调度倒闸操作和监控遥控操作分别进行了全过程风险辨识，并针对性地制定了安全防范措施，具体如表1-1、表1-2所示。

表1-1　　　　　　　　　　调度倒闸操作安全风险辨识表

序号	辨识项目	辨识内容	辨识要点	典型控制措施
1	拟票操作	计划检修的停服役操作是否按流程拟写操作指令票，有无导致误操作的风险	操作前是否拟票	除紧急处理故障和异常以外，计划性工作的停服役操作前，应按流程拟写操作指令票
2	拟票前充分理解一次、二次意见	拟票时是否看清楚检修工作申请票中方式安排及保护意见，或对检修工作申请票中批注意见有疑问时，是否未经确认继续执行或擅自更改执行，导致拟票错误	拟票前是否仔细阅读并充分理解方式安排和保护意见	拟票前仔细阅读并充分理解检修工作申请票中方式安排、保护意见及其他相关专业意见，如有疑问立即询问、核实
3	拟票前核对	拟票时是否清楚系统当前运行方式，是否因未执行"三核对"而导致拟票错误	拟票前是否进行核对	核对检修申请单；核对调度大屏（模拟盘）及SCADA画面；核对现场设备实际状态；掌握电网运行方式的变化
4	操作目的明确	拟票时操作目的是否清楚，是否会造成拟票错误	拟票时是否明确操作目的	要充分领会操作意图；拟票时要明确操作目的
5	熟悉电网运行方式	拟票时是否充分考虑设备停送电对系统及相关设备的影响，是否会导致操作时系统潮流越限或保护不配合	拟票调度员是否熟悉系统运行方式	了解系统和厂站接线方式；了解一次设备停复役对系统潮流变化及保护配合的影响；了解主变压器中性点投切及保护投停对系统的影响；掌握安全自动装置与系统一次运行方式的配合
6	标准术语使用	拟票时，是否因未使用标准的操作术语导致现场理解错误，造成误操作	拟票是否正确使用操作术语	拟票人熟练掌握标准操作术语的含义及应用范围，拟票时合理使用，防止出现使现场理解产生歧义的内容

续表

序号	辨识项目	辨识内容	辨识要点	典型控制措施
7	操作指令票内容正确性	操作指令票内容是否规范；操作步骤是否合理；方式调整是否合理；保护及安全自动装置是否按要求调整；是否因未考虑停电设备对系统的影响，导致误操作	拟票调度员对所辖电网的熟悉程度及调度专业知识的掌握程度	拟票人熟悉电网操作原则，掌握操作指令票拟写规范；拟票人充分考虑操作指令票操作前后对电网运行方式的影响；拟票人充分考虑操作指令票操作前后对电网稳定控制装置的影响
8	操作指令票内容完整性	拟票时，是否因与操作相关的内容未完整填写，导致操作时与该操作相关的配合部分未完整执行，造成误操作	操作指令票是否完整包括与操作相关的全部内容	操作指令票应完整包括与操作相关的全部内容；涉及两级及以上调度联系的操作，将电网方式变化及设备状态移交等写入操作指令票中
9	审核操作指令票	是否存在审核过程马虎，未能及时发现错误，导致误操作	操作指令票内容是否正确、审票人是否签名	审核操作指令票时应精力集中，仔细审阅，及时发现错误并纠正，审核后应签名
10	预发前核对	预发前是否执行"三核对"，是否因为所预发的调令操作目的不清楚、对所预发的调令操作内容和步骤理解不清，而导致将错误调令预发至现场，造成误操作	是否准确把握预发调令的操作目的及操作步骤	预发调令前仔细审核一次，执行"三核对"（核对调度大屏（模拟盘）和SCADA状态、核对现场设备状态、核对检修申请单）；考虑预留操作所用的时间
11	操作指令票预发时间及方式	预发至现场时，是否因未严格执行预发指令票有关规定，使现场对将要执行的操作没有做好充分准备，造成误操作	是否按规定时间、通过规定途径提前预发	计划工作的操作指令票应按规定时间提前预发至现场；大型操作或新设备启动等操作指令票原则上应提前预发至现场，以便现场有充分的准备时间；对于不具备网上接票或传真接票功能的单位应使用电话预发的手段
12	预发后复诵	预发调令后是否因没有与现场进行核对、核对时没有严格执行录音复诵制度、预发调令时遗漏受令单位或预发至错误的受令单位，导致误操作	是否执行预发调令的流程	无论采取何种预发调令的手段，预发都必须与现场进行电话核对；核对时应严格执行录音复诵制度；预发时应互通单位、姓名、岗位，并核对调令编号；预发时还应说明是预发调令
13	熟悉电网运行方式再操作	是否因对电网实时运行情况不清楚，盲目操作，导致误停电或误操作	操作前是否掌握电网情况	随时掌握当值电网运行状况（如电力平衡、频率和电压、接线方式、设备检修、反事故措施内容、用电负荷、本班操作任务及进程等）
14	操作环境	是否因操作时环境不佳，如：电网负荷高峰时段、天气恶劣等，造成削弱系统网架结构，降低稳定水平	是否因运行环境不佳影响操作	尽量避开负荷高峰时段操作；尽量避免恶劣天气条件下（雷、电、雨、雾等）操作

序号	辨识项目	辨识内容	辨识要点	典型控制措施
15	重大方式变更预案	进行电网重大方式调整时，是否因没有做好相应的故障应急处置方案，导致处理故障过程中出现误操作或引起故障扩大	重大方式调整是否提前分析做好预案	提前分析危险点及薄弱环节，制定操作性强的故障应急处置方案并加强演练；运方专业向调控运行人员进行方式交底
16	操作前危险点分析	是否因操作前未做好危险点分析，导致操作中遇到异常情况时不能正确处理，造成误操作	接班后是否进行危险点分析	熟悉、掌握电网故障处理预案；接班后在安全稳定分析计算的基础上及时做好当班危险点分析；在安全稳定分析计算的基础上根据电网状况及时做好事故预想；在操作前，进行必要的潮流计算
17	操作前核对	是否因操作前未执行"三核对"、未应用软件计算分析潮流、未能掌握电网运行方式及厂站接线方式，仅靠自动化系统信息状态即发布调度指令或许可操作，导致误操作	操作前的准备工作是否充分	核对检修申请单；核对调度大屏（模拟盘）及SCADA画面；核对现场设备状态；明确操作目的；应用调度员潮流软件（PF）做操作前后的潮流分析
18	操作前联系	是否因操作前没有联系相关单位，盲目操作，导致误停电或稳定越限	操作前是否沟通联系	操作前应及时与检修工作申请单位沟通，了解操作能否进行；联系上下级调度申请许可操作或通报操作意图；操作前与现场说明操作目的
19	上级调度发令的操作	有无不执行或拖延执行上级调控机构下达的指令，或未按规定经过上级调度许可擅自进行相关操作的情况	是否执行上级调度指令	严肃调度纪律，确保调度指令的权威性
20	上下级配合的操作	是否有需要不同单位或上下级调度配合的操作，未按调令顺序操作（跳步操作），造成误操作	是否按调令顺序操作	上下级调度配合操作时，应清楚移交电网方式和设备状态；一次、二次部分配合操作应及时
21	按顺序操作	是否有未经请示，或未经本值讨论，擅自跳步操作、擅自更改操作内容，导致误操作	是否按调令顺序操作	按调令顺序执行，如遇特殊情况需更改操作顺序应履行相关规定；不得擅自更改操作内容
22	操作中核对状态	操作过程中是否因调度员未及时与现场核对操作设备状态，导致误操作	操作过程中是否与现场核对	利用遥动信息及时与现场核对操作设备状态，包括开关变位，潮流变化情况；与现场运行人员电话核对
23	操作规范性	操作时是否因未严格执行发令、复诵、录音、监护、记录、汇报制度，导致误操作	发令、复诵、录音、监护、记录、汇报是否严格执行	发令应准确、清晰，使用规范的操作术语和设备双重编号；严格执行发令、复诵制度；发令人应明确执行的调令编号；发令应用电话应有录音功能
		是否因在许可电气设备开工检修和恢复送电时"约时"停送电，造成误操作或人身伤亡事故	是否未严禁"约时"停送电	开始、终结电气设备检修工作前要核对；严禁"约时"停送电

续表

序号	辨识项目	辨识内容	辨识要点	典型控制措施
23	操作规范性	是否因操作未做好详细记录,导致误操作	操作是否记录	发令完毕现场复诵正确后应记录发令时间;现场汇报操作完毕且调度员复诵正确后应记录执行完毕时间
24	操作监护	是否因操作时失去监护,导致误操作	是否监护操作	操作应有人监护;监护人应有监护资格
25	复役操作	是否因工作未全部结束即进行复役操作,导致带地线合闸等恶性误操作	是否全部完工后复役操作	核对所有相关的检修工作全部完工;操作前核对设备状态
26	操作后核对	是否因操作完毕后未及时修正调度大屏(模拟盘)、核对 EMS 及调度日志的设备状态,下一值调度员不能正确掌握设备状态,导致误操作	是否操作后核对状态记录	操作执行完毕后应及时核对一次、二次设备状态;校正调度大屏(模拟盘);核对 EMS 画面的设备状态;核对调度日志记录的设备状态;核对相关安全自动装置的状态

表 1 – 2　　　　　　　　　　监控遥控操作安全风险辨识表

序号	辨识项目	辨识内容	辨识要点	典型控制措施
1	操作前危险点分析	是否因操作前未做好危险点分析,导致操作中遇到异常情况时不能正确处理,造成误操作	操作前是否进行危险点分析	操作前及时做好危险点分析;明确操作目的
2	核对操作范围	对调度发令,是否仔细核对监控操作范围,是否存在盲目接受、越范围操作、影响电网安全的情况	是否按监控允许操作的项目进行操作	严格按照监控操作范围进行操作,对超越监控操作范围的指令应拒绝执行并向发令调度指出
3	操作界面和防误解、闭锁功能符合要求	是否因操作界面设备状态、遥测数据显示不符合要求,或防误解、闭锁功能失灵,导致操作不成功或操作错误的情况	是否检查操作界面中设备状态、遥测数据显示的正确性,防误解、闭锁功能正常性	操作前检查监控系统操作界面是否正常,设备状态和遥测数据显示是否正确,设备命名是否相符,通道情况是否正常;操作前检查监控系统防误解、闭锁功能是否正常
4	接受操作任务	是否因接受调度指令不规范,操作目的不清楚,导致接令错误或操作错误	接受调度指令时,是否询问清楚操作目的,核对当前设备运行方式与调度要求相符	接令时应使用录音电话,要充分领会操作意图,明确操作目的,使用规范的操作术语和设备双重名称,核对操作范围,考虑操作后的设备状态及影响;在监控系统主接线图上核对调度所要操作的变电站名称、待操作设备名称和编号、核对设备状态与操作目的相符;听清调度下令执行并复诵正确后,方可操作;在值班日志上逐字逐句记录调度操作指令并复诵,且核对正确,听清调度下令执行并复诵正确后,方可操作

续表

序号	辨识项目	辨识内容	辨识要点	典型控制措施
5	操作任务票的转发	是否因任务票转发不及时或错误，导致现场运维人员延误操作或误操作	是否正确、及时地转发任务票	接受任务票后，与调度复诵正确；正确、及时地向现场转发任务票，并要求现场复诵正确，做好记录
6	操作要求	是否因操作时未严格执行发令、复诵、录音、汇报制度，导致误操作；是否因操作时失去监护，易导致误操作	检查操作时是否严格执行发令、复诵、录音、汇报制度；操作时是否严格执行操作监护制，是否实施双人异机操作	监控的单一操作可不填操作指令票，但应做好操作记录。操作结束后应做好记录，包括发令调度员、接令人、操作内容、操作人、监护人等；操作时应有人监护，并严格执行双人异机操作，监护工作应由有监护资格的监控员担任
7	操作后核对	是否因操作完毕后未核对设备状态及相关遥测量，导致操作没成功，影响电网安全运行的情况	操作后是否核对设备状态及相关遥测量	操作执行完毕后应及时核对设备状态和相关遥测量的变化正确，应有两个及以上的指示同时发生正确变化

第二节　调度控制操作新技术

一、调度指令智能管控技术

（一）提出背景

操作人员在开展倒闸操作时，必须严格按照调度员下达的调度指令内容逐项逐步骤开展。停电操作时，所有倒闸操作已执行完毕，设备已转检修，调度员核实确实已具备开工条件后，方可向现场工作人员下达许可开工的指令。检修工作结束，接到现场工作人员所有工作已竣工的汇报，调度员经核实无误，设备确实具备送电条件后，方可向操作人员下达恢复送电的调度指令。由此可见，调度下令和许可开竣工是调控中心最核心的两项业务，技术含量高、管理要求严，调度指令内容是否正确也显得极为重要，一旦发生误下令或误开竣工的情况，极有可能会造成非常严重的电网、设备或人身伤亡事故。因此各级规程制度对调度下令和许可开竣工工作进行了专项规定和严格要求，调度员必须按照规定的操作逻辑和步骤原则下达调度指令。《国家电网调度控制管理规程》相关规定截图见图 1-1。

11.2.6 监控远方操作无法执行时，调控机构值班监控员可根据情况联系输变电设备运维单位进行操作。

11.2.7 设备遇有下列情况时，严禁进行开关监控远方操作：

11.2.7.1 开关未通过遥控验收。

11.2.7.2 开关正在检修（系统）异常影响开关遥控操作。

11.2.7.3 集中监控功能（系统）异常影响开关遥控操作。

11.2.7.4 一、二次设备出现影响开关远控操作的异常告警信息。

11.2.7.5 未经批准的开关远方遥控传动试验。

11.2.7.6 不具备远方同期合闸操作条件的同期合闸。

11.2.7.7 输变电设备运维单位明确开关不具备远方操作条件。

11.3 调度倒闸操作指令票

11.3.1 拟写操作指令票应以停电工作票或临时工作要求、日前调度计划、调试调度实施方案、安全稳定及继电保护相关规定等为依据。拟写操作指令票前，拟票人应核对现场一二次设备实际状态。

11.3.2 拟写操作指令票应做到任务明确、票面清晰、正确使用设备双重命名和调度术语。拟票人、审核人、预令通知人、下令人、监护人必须签字。

11.3.3 操作指令票分为计划操作指令票和临时操作指令票。计划操作指令票应依据停电工作票拟写，必须经过拟票、审票、下达预令、执行、归档五个环节，其中拟票、审票不能由同一人完成。临时操作指令票应依据临时工作申请和电网故障处置需要拟写，可不下达预令。

11.3.4 对于无人值守的变电站，原则上值班调度员应将预令下达至相关调控机构值班监控员，值班监控员转发预令。

图 1-1 《国家电网调度控制管理规程》相关规定截图

目前调度员使用调度指令票系统完成调度下令工作，使用检修工作票系统完成开竣工令下达工作。调度指令票系统相关截图见图 1-2，检修工作表系统相关截图见图 1-3。这两个系统彼此之间相互独立，各自在功能上是完全开放式的，系统内外部均不具有安全校核和防误闭锁功能，只能满足"两票"（调度指令票和检修工作票，简称"两票"）作业基本的线上流转，功能上存在很大缺失，具体包括以下方面：

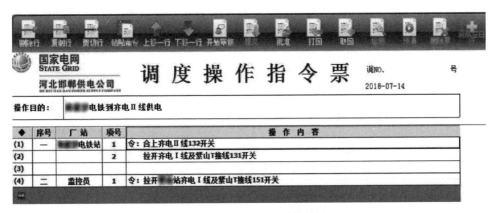

图 1-2 调度指令票系统截图

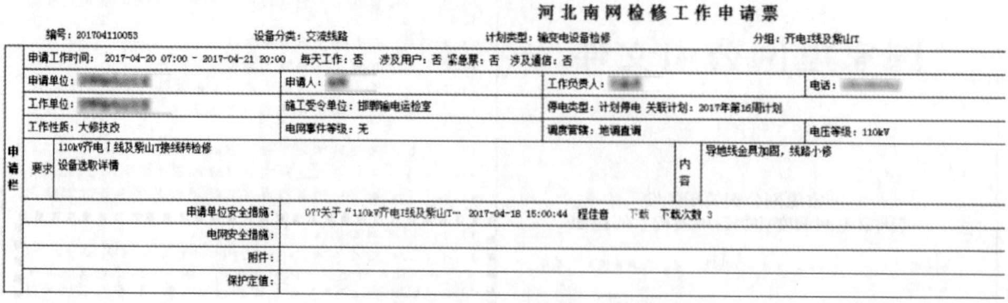

河北南网检修工作申请票

编号：201704110053　　设备分类：交流线路　　计划类型：输变电设备检修　　分组：齐电Ⅰ线及紫山T

申请栏	申请工作时间： 2017-04-20 07:00 - 2017-04-21 20:00　每天工作：否　涉及用户：否　紧急票：否　涉及通信：否		
	申请单位：[illegible]	申请人：[illegible]	工作负责人：[illegible]　电话：[illegible]
	工作单位：[illegible]	施工受令单位：邯郸输电运检室	停电类型：计划停电　关联计划：2017年第16周计划
	工作性质：大修技改	电网事件等级：无	调度管辖：地调直调　电压等级：110kV
	要求：110kV齐电Ⅰ线及紫山T接线转检修 设备选取详情		内容：导地线金具加固，线路小修
	申请单位安全措施：	077关于"110kV齐电Ⅰ线及紫山T… 2017-04-18 15:00:44 程佳音　下载　下载次数 3	
	电网安全措施：		
	附件：		
	保护定值：		

图 1－3　检修工作票系统截图

（1）调度指令票系统不具备自动成票功能。调度员在编辑调度指令票内容时，只能人工手动逐项逐内容填写，费时费力，效率低下。

（2）"两票"系统均不具备安全校验和防误闭锁功能。实际工作中，多份调度指令票须按照倒闸操作逻辑顺序进行打包分组和先后排序，不同指令票组之间须按先后顺序进行下令，同一组之间的多份指令票也须按先后顺序进行下令，只有在上一组（或上一份）指令票执行完毕后，才可下达下一组（或下一份）指令票，这就需要调度指令票之间具备防误闭锁功能。停电操作时，调度指令票执行完毕，相关检修工作票才许可开工。送电操作时，检修工作票全部竣工，相关调度指令票才许可下达，这就需要在调度指令票和检修工作票（"两票"）之间具备防误闭锁功能。另外，多份检修工作票之间还存在需要"同时开竣工"和"先竣工、后开工"的情况，这就需要检修工作票之间具备防误闭锁功能。上述几种防误闭锁功能，目前"两票"系统均不具备，仍需要依靠调度员人工审核和判断。为了防止误下令和误开竣工，在"两票"执行过程中，只能通过填用调控操作顺序表和开竣工一览表实行线下流转，由人工进行安全把关，但这种方式严重依赖人员责任心和工作经验，存在非常大的安全隐患。调控操作顺序表和开竣工一览表截图见图 1－4。

（3）传统的电话下令方式不具备直观性，容易产生歧义。传统模式下，调度员向现场人员下达调度指令和开竣工指令时，只能采取电话联系的方式，造成调度员和现场工作人员之间是"只闻其声、不见其人"，这样就导致出现的问题是：

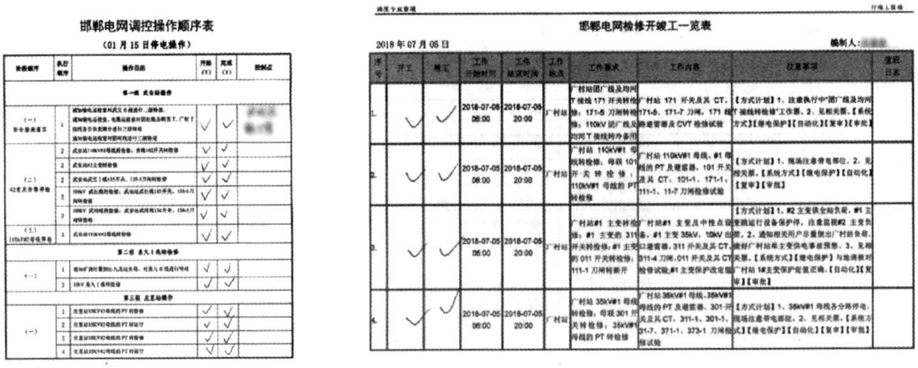

图 1-4　调控操作顺序表和开竣工一览表截图

1）现场受令人员看不到调度指令内容，只能采取在纸质记录本上人工记录指令的方式完成受令，直观性不够且效率低下；

2）在下令过程中调度员看不到对方图像，只能通过互报单位和姓名来辨识对方是否具备相关工作资质，不利于调度工作的规范开展。

（二）技术内容

"三层五防"技术是指调度指令票独立层、检修工作票独立层和"两票"系统间交互层，能够实现同一组调度指令票之间、不同组调度指令票之间、调度指令票与检修工作票之间、须同时开竣工的检修工作票之间、须先竣工后开工的检修工作票之间五种防误闭锁功能。我们将其称之为调度下令"三层五防"新技术，其功能逻辑如图 1-5 所示。

"三层五防"技术基于电网接线模型分析和规则框架自定义，与 D5000 系统支撑平台一体化设计，完全共享实时 SCADA 模型及数据库，通过设置拓扑分析、安全校核、自动开票、防误闭锁、实时告警等功能模块，在调度指令票填写环节，增设多种方式且可灵活切换的自动成票功能。在"两票"执行环节，增设防误闭锁功能，实现操作票与工作票之间的相互闭锁和同种类票与票之间的防误闭锁。在检修工作票执行环节，扩展应用程序的安装适用范围，不仅可以安装在台式机，也可将其安装在 App 移动终端上，实现调度业务全流程线上运行。

"三层五防"技术包括调度指令票智能成票、"两票"执行防误闭锁、"两票"系统功能扩展延伸三部分内容，下面一一进行详细阐述。

11

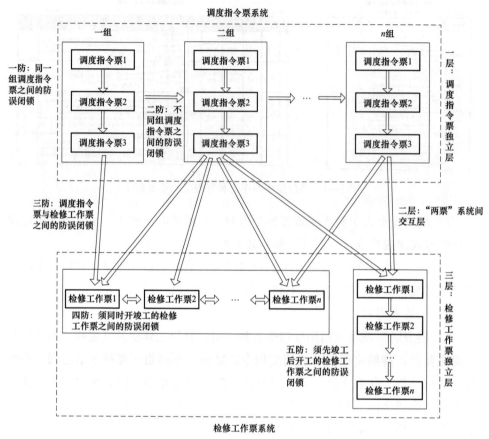

图 1-5 调度指令"三层五防"逻辑功能

1. 调度指令票智能成票技术

调度指令票系统与 D5000 系统进行一体化关联设计，可以充分利用平台提供的各项功能以及服务，利用图票一体化技术，可以实现图中开票、票中执行，提高了操作票整个运转生命周期的可视性以及直观性，并且通过将实时态和模拟态数据可靠隔离，保证了整个过程的安全、实时、可靠。该功能基于网络拓扑的接线模型识别和完善的权限管理机制，开票规则可由人工自主定制，实现了操作票的智能推理，票面格式的自由定制，多种开票方式的灵活切换和操作票生命周期的全流程管理。一共具有三种自动成票方式，下面分别说明。

（1）利用电网图形成票。

开始填写调度指令票时，调度员点击快捷工具栏打开图形系统。进入图形系统后，选择需要进行操作的厂站，进入相应的厂站图界面。查找需要进行操作的线路或者元件，点击鼠标右键会出现下拉菜单（图1-6），选择要进行的操作，鼠标滑轮上下滑动可以调整图形的大小，按住鼠标滑轮移动鼠标可以移动整张图形。

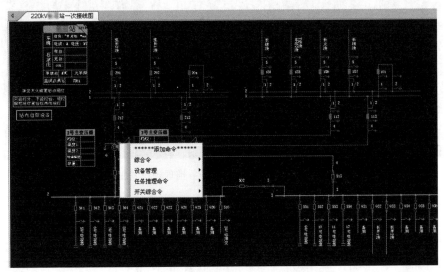

图1-6 点击鼠标右键会出现下拉菜单截图

在打开的快捷菜单中，调度员可以根据操作目的选择相应命令，从而自动生成系列命令。例如主变压器的任务推理命令，首先选择要进行操作的主变压器，右键选择要进行的操作，如图1-7所示，生成相应的操作票。

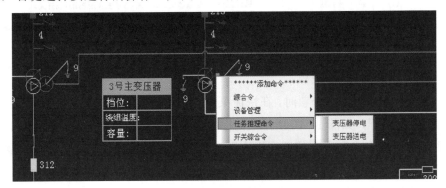

图1-7 主变压器任务推理命令

选择电压器停电后，此时的状态会根据进行的任务推理的操作进行变化（图1-8），并且会在操作票中生成相应的操作票，如图1-9所示。

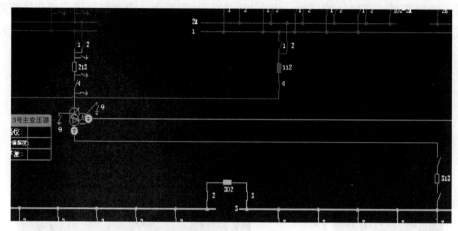

图1-8　主变压器状态跟随任务推理操作发生变化

调 度 操 作 指 令 票

调NO.　　　　号
2014-10-13

操作目的：	██站3号主变压器停送电					
计划操作时间	◆	序号	厂站	项号	操 作 内 容	注意事项
	(1)	一	██站		令：与██站核对3号主变压器及三侧开关在运行状态，分段302开关在热备用状态。	
	(2)	二	██站	1	令：合上分段302开关，拉开3号主变压器的313开关。	
	(3)			2	██站拉开3号主变压器的113开关、3号主变压器的213开关。	
	(4)			3	██站3号主变压器由热备用转检修。	
	(5)	三	██站	1	令：██站3号主变压器检修试验工作开工。	
	(6)			2	██站3号主变压器由检修转热备用。	
	(7)	四	██站	1	令：██站合上3号主变压器的213开关、3号主变压器的113开关。	
	(8)			2	合上3号主变压器的313开关，拉开分段302开关。	

图1-9　利用图形开票功能生成的调度操作指令票

（2）利用检修任务成票。

调度员生成调度指令票时，在快捷菜单栏中选择"新建命令"，即可弹出"创建命令"对话框，如图1-10所示，在框中输入操作任务后回车，系统可以自动生成符合要求格式和内容的调度指令票。另外，在输入操作任务时，输入第一个字时系统会关联出相应的命令下拉列表可供选择，加快写票速度和内容的准确性。下拉列表内的常用术语可以在右侧进行添加与修改。

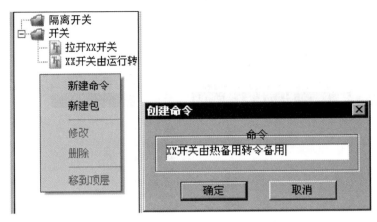

图1-10 生成调度指令票的操作

指令票生成后，内容可由人工自行按项删除或增加。若系统自动生成的序号不正确时，还可以由人工对操作票的"序号"和"项号"进行灵活修改，如图1-11所示。

操作目的：	110kV██线转检修			
◆	序号	厂站	项号	操 作 内 容
(1)	一	██站	1	拉开南桥线164开关
(2)	二	██站	1	将南桥线164开关由热备用转冷备用
(3)	二	██站	1	将南桥线182开关由热备用转冷备用
(4)	三	██站	1	将南桥线164开关的线路由冷备用转检修
→				
(5)	三	██站	1	将南桥线182开关的线路由冷备用转检修

图1-11 指令票的修改

（3）利用典型案例成票。

经常使用的调度指令票可以保存成为典型票。在相应的指令票处点击鼠标右键，选择保存成为典型票即可，如图1-12所示。

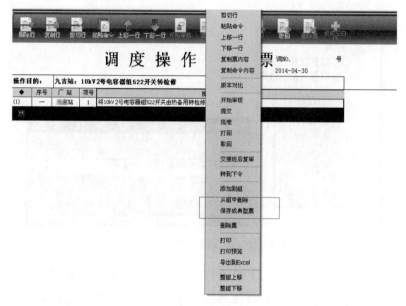

图 1－12　常用指令票保存为典型票

在典型票处即可查看和管理保存的典型票，右键可以进行删除或者新建组的操作，如图 1－13 所示。

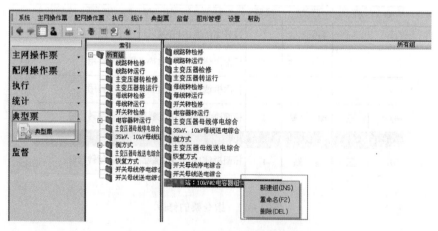

图 1－13　典型调度指令票修改界面

需要利用典型票生成调度指令票时，在"典型票"库中找到该票，可以一键生成新的调度指令票，如图 1－14 所示。

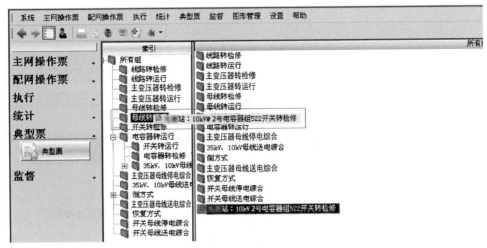

图 1-14　利用典型票生成调度指令票界面

2."两票"执行防误闭锁技术

"两票"执行防误闭锁功能基于电网模型和实时数据，通过设置拓扑分析、安全校验、实时告警等模块加以实现，满足自动识别和智能关联等强大功能，经必要的人工干预审核无误后，可形成可靠的防误闭锁，确保调控核心业务安全开展，一共包括五种防误闭锁功能，下面分别说明。

（1）同一组调度指令票之间的防误闭锁。

实际工作中，须将多份调度指令票按照倒闸操作逻辑顺序进行打包分组和先后排序，不同指令票组之间须按先后顺序进行下令，同一组之间的多份指令票也须按先后顺序进行下令，只有在上一份指令票执行完毕后，才可下达下一份指令票，否则系统将提示错误，无法执行。

例如，××站倒闸操作任务分为两大组 7 小项，其中在第一组"110kV 部分"中包括 4 份指令票，这 4 份指令票须按顺序分三步依次执行。此时系统能够对这 4 份指令票进行人工关联和强制闭锁，即通过人工关联操作后，只有在第一序位的操作任务"110kV 大军线及××T、××T、××T 接线倒××站 152 供电"执行完毕回复指令后，第二序位的操作任务"××站母联 101 开关转冷备用"和"××站母联 102 开关转冷备用"才允许开始执行，否则系统将处于第一序位以后的操作任务全部闭锁，不允许调度员执行下令操作，并自动提示相关信息，如图 1-15 所示。

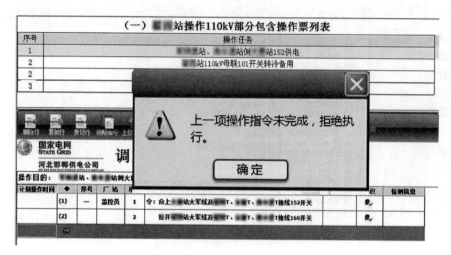

图 1-15　同组调度指令票之间防误闭锁示例

（2）不同组调度指令票之间的防误闭锁。

不同指令票组之间须按先后顺序进行下令。系统只允许先执行第一组调度指令票后才能执行第二组调度指令，否则系统将出现错误提示。

系统能够对这两组指令票进行人工关联和强制闭锁，即通过人工关联操作后，只有在第一组"110kV 部分"的操作任务执行完毕后，才允许第二组"10kV部分"的操作任务开始执行。若第一组"110kV 部分"的操作任务未执行完毕，则系统会将第二组"10kV 部分"的操作任务全部闭锁，不允许调度员执行下令操作，并自动提示相关信息，如图 1-16 所示。

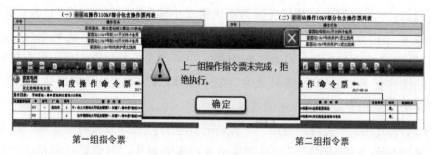

第一组指令票　　　　　　　　　　　　　　第二组指令票

图 1-16　不同组调度指令票之间的防误闭锁示例

（3）调度指令票与检修工作票之间的防误闭锁。

实际工作中，一份检修工作票须至少 1 份调度指令票执行完毕后才具备开工条件，此时系统能够通过人工关联操作，实现至少 1 份调度指令票对检修工作票的防误闭锁。反之，现场检修工作完毕后，向调度员办理竣工手续，值班调度员通过电话复核后，办理检修工作票竣工手续，并且相关检修工作票均已完成竣工手续后，与这些工作票相关的调度指令票才具备执行条件。在检修工作票办理竣工手续之前或相关检修工作票未完全竣工时，与之相关的调度指令票均处于闭锁状态，不具备下达条件，调度员无法操作执行。

例如××站 161 开关及 -5 隔离开关，110kV 武兰Ⅱ线都有工作，对应的操作票只有一张，检修工作票两张。只有操作票执行完，两张检修工作票才能开工。反之，只有两种检修工作都竣工，才能恢复线路送电。否则，系统就报错拒绝执行，如图 1-17 所示。

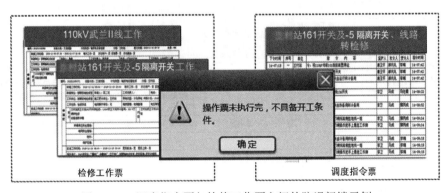

图 1-17　调度指令票与检修工作票之间的防误闭锁示例

（4）同时开竣工的检修工作票之间的防误闭锁。

实际工作中，可能会出现两份及以上的检修工作票须同时开竣工的情况，此时系统能够在检修工作票系统对多份检修工作票进行同时开竣工的人工关联和强制闭锁。例如翟馆线、大馆线因同塔架设，需同时开竣工。当调度员对翟馆线进行开工时，系统会提示"请同时执行另一张工作票"（图 1-18），点击确定后，将自动跳转至另一张工作票，完成开工手续（图 1-19）。

图 1-18 提示须同时执行另一张工作票图形界面

图 1-19 完成 220kV 大馆线开工界面

（5）先竣工后开工的检修工作票之间的防误闭锁。

实际工作中，可能会出现一份检修工作票必须竣工手续完成后，下一份检修工作票才能开工的情况，此时系统能够在检修工作票系统对有关联的检修工作票进行人工关联和强制闭锁。例如：110kV 曲西线及××T、××T 接线从××站 184 间隔至 34 号杆塔断开连接工作票竣工后，这段线路转检修工作的检修工作票才能开工。若竣工票未结束，就对开工票就行开工，系统会弹窗拒绝执行，并提示错误信息，如图 1-20 所示。

图 1-20　先竣工后开工的检修工作票之间的防误闭锁示例

3. "两票"系统功能扩展延伸

对调度指令票和检修工作票系统进行全面升级，包括软件和硬件两个方面。在硬件方面，变电站现场配置内网台式管理机，输电线路现场配置具备内网互联的移动终端机；在软件方面，升级后的系统应用程序，可分别安装在内网台式管理机和移动终端机，如图 1-21 所示。

图 1-21　系统升级前下令方式

"两票"系统功能扩展和延伸安装后，调度员在向变电站运维人员下达指令时，可以分别利用调度指令票系统将调度指令，利用检修工作票系统将开竣工指令，通过线上流转至变电站运维人员，消除了仅依靠单一电话联系模式的弊端；调度员在向输电线路运维人员下达开竣工指令时，可以利用检修工作票系统将开竣工指令。

通过线上流转至线路运维人员 App 移动终端，同样消除了单一电话联系模式存在的弊端，如图 1-22 所示。

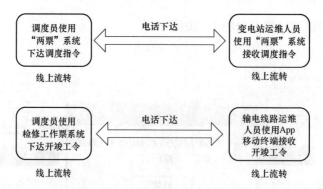

图1-22 系统升级后下令方式图

因此，功能创新改进后的"两票"系统，由原先仅调控中心内部使用变更为跨专业、多部门使用，将变电站和输电线路运维人员全部纳入管控范围，实现了调度下令和开竣工业务全流程线上运行。

（三）创新点总结

应用该创新成果可以根本性地解决调度下令和开竣工作业难点，主要创新点及效果归纳如下：

（1）创新研发了三种智能自动开票技术。具备电网图形成票、检修任务成票、典型案例成票三种技术，大幅缩短了调度指令票编制用时。

（2）创新研发了五种智能防误闭锁技术。具备同一组调度指令票之间、不同组调度指令票之间、调度指令票与检修工作票之间、须同时开竣工的检修工作票之间、须先竣工后开工的检修工作票之间五种防误闭锁功能，无需再填用《调控操作顺序表》和《开竣工一览表》，保证调度下令和开竣工工作安全高效开展。

（3）实现了"两票"系统功能扩展延伸。将变电站运维人员和输电线路运维人员全部纳入"两票"系统管控范围，实现了调度下令和开竣工的全流程线上流转、全过程实时监督。

（四）项目实施效果

（1）调度下令和开竣工作业效率明显提高。应用智能成票技术，无需人工手动逐项逐内容填写调度指令票，平均每份调度指令票编制用时由5min降低至1min以内，效率提升80%以上；无需编制《调控操作顺序表》和《开竣工一览表》，平均每天可减少40min编制工作量。

（2）有效杜绝了调度误下令和误开竣工。功能创新升级后的"两票"系统具备五种智能防误闭锁功能，经过必要的人工干预，能够在"两票"系统间和各自系统内形成可靠的防误闭锁。执行过程中如果存在不安全、不规范行为时，能够可靠禁止和自动提示，确保"两票"执行安全。

（3）实现了调度下令和开竣工全流程线上作业。"两票"系统功能创新改进后，调度员可以同时使用线上流转和电话通知的方式向运维人员下达调度指令，将变电站和输电线路运维人员全部纳入"两票"系统管控范围，实现了调度下令和开竣工业务全流程线上运行，消除了仅能依靠单一电话联系模式存在的弊端，使得调度指令变得直观准确、消除了歧义。

二、智能批量遥控技术

（一）技术背景

随着电网规模的不断扩大，大容量机组陆续投产，对系统的稳定性和可靠性提出了越来越高的要求，事故应急拉路作为电网应急处置的一道防线地位彰显突出。变电站采取有人或少人值班模式时，电网事故应急拉路操作指令由调度员下达至变电站，各变电站值班员同步执行，可确保短时间内完成拉路任务。实施电网集中调控模式之后，变电站实行无人值班模式，事故应急拉路主要依靠调控中心监控员远方遥控操作完成。由于此时集中在一处执行，仍采用常规单设备遥控操作技术就很难在短时间内完成大容量、多路次的事故应急拉路操作。主要原因在于单设备遥控技术每次操作时，需要操作人和监护人分别输入用户名和密码，在安全校验通过后才能完成一台设备的远方控制，必然无法在短时间内完成位于不同地域、处于不同厂站的多台设备控制操作，因此必须研发新的遥控技术解决这一难题。

（二）技术内容

基于现有调度控制系统基础平台（D5000系统）的模型管理、数据采集与交换、人机界面、权限管理等功能模块，研发批量控制遥控技术，就是依据报地方政府相关部门批准的事故限电序位表和保障电力系统安全的（超供电能力）限电序位表，在智能电网调度控制系统中预先设定与限电负荷相关的多个断路器，在事故异常等情况下批量执行拉路限电，达到快速控制负荷限额目标的功能。该功能涉及调控主站、变电站，以及数据传输等方面内容。智能批量遥控技术架构如图1-23所示。

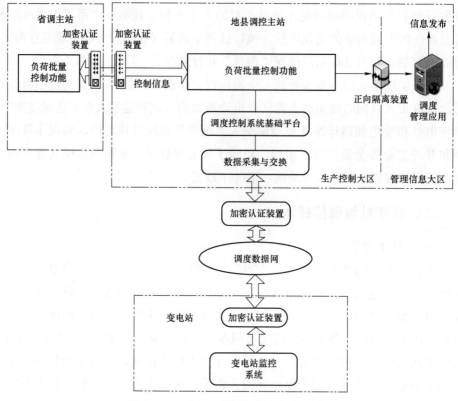

图 1-23 智能批量遥控技术架构示意

1. 系统维护管理功能

可以提供独立的负荷批量控制序位表维护管理工具，实现如下功能：

（1）支持登录及权限控制功能，只允许被授权实名用户登录及维护负荷控制序位表；

（2）支持负荷批量控制序位表显示过滤功能，能够根据实名用户所属分组自动显示允许该用户操作的控制序位表；

（3）支持负荷批量控制序位表分类定义功能，支持定义多级控制类型，并能以树状列表显示多级分类；

（4）支持负荷批量控制序位表描述信息定义功能，描述信息包括但不限于名称、所属区域、序列类型、所属分类、所属厂站信息；

（5）支持负荷批量控制序位表定义功能，序位描述信息包括但不限于控制断路器、电压等级、所属区域、所属厂站、控制状态、关联设备等信息；

（6）支持负荷批量控制序位表的导入功能，支持 excel 表格和 txt 文本；

（7）支持实时计算负荷批量控制序位表的可切负荷功能；

（8）支持快速增加和编辑序位表功能；

（9）支持在调度员培训仿真系统中共享负荷批量控制序位表功能；

（10）序位表维护日志可保存不少于 3 年，日志信息至少包含修改时间、登录用户、登录主机、修改内容等。

2. 程序控制执行功能

（1）支持负荷批量控制执行双人双机监护功能，监护信息中包括操作人员、序位表名称、切除负荷目标值、选取的负荷序列、所属厂站等信息。

（2）支持负荷批量控制执行确认功能，在操作员批量控制操作的监护请求通过后，能支持重新登录校验实名用户的批量控制权限。

（3）支持负荷批量控制执行倒计时功能，监控操作员确认执行后，支持短时间倒计时窗口，并能出现提示信息（使用明显颜色提醒告知操作危险性）。倒计时结束后，如果没有任何操作则不进行控制操作，倒计时内确认操作后则开始控制。

（4）支持并发控制执行功能，对不同厂站的断路器操作并发执行，对同一厂站的断路器操作顺序执行。

（5）支持断路器直接遥控功能，针对每个断路器操作时由后台自动完成预置命令、预置返校确认、执行命令连续下发。

（6）支持负荷批量控制执行过程中多轮次控制操作功能，并支持每轮次控制操作中等待变电站预置指令返回时间间隔自定义功能。

（7）支持负荷批量控制操作导致的断路器分闸告警特殊标识功能，对于负荷批量控制操作导致的断路器分闸告警需与其他遥控产生的分闸告警进行明显区分，支持负荷批量告警信号实时告警窗口单独界面显示。

（8）宜支持智能选线与控制执行双席操作功能。

3. 用户控制权限管理功能

能够根据负荷批量控制对不同流程分别进行权限校验，具备以下功能：

（1）支持负荷批量控制功能登录权限校验，只允许具备权限的实名用户登录；

（2）支持控制序列选择确认权限校验，只允许具备该权限的实名用户对某个序位表进行控制断路器的筛选，并最终确认控制序列；

（3）支持控制序列控制执行权限校验，只允许具备该权限的实名用户对经确认的控制序列进行最终的控制操作；

（4）支持控制序列操作监护权限校验，只允许具备该权限的实名用户对控制序列控制执行监护请求进行监护。

4. 负荷批量控制多态功能

负荷批量控制功能支持测试演练态和控制执行态两种模式，具体如下：

（1）测试演练态模式。控制过程中负荷批量控制功能可以正常演练整个控制流程和操作，只允许发送遥控预置命令，不允许发送遥控执行出口指令。

（2）控制执行态模式。控制过程中负荷批量控制功能可以正常发送遥控预置、执行指令。

（3）测试演练态与控制执行态为独立功能，不同态独立登录，界面有明显颜色区分和文字信息提示。在同一台工作站上不允许同时运行测试演练态和控制执行态功能。

5. 操作统计功能

（1）支持控制过程中各轮次及总的控制结果数据实时统计功能；

（2）支持控制结果数据日志储存功能，日志应保存不少于 3 年；

（3）支持历史控制结果数据展示查询功能；

（4）支持批量切除负荷供电恢复信息查询功能，复电信息包括恢复供电线路总数、恢复总负荷、各线路是否恢复供电、恢复供电时间等信息；

（5）支持根据登录用户所属区域显示对应区域下已切负荷供电恢复信息。

6. 控制信息交互功能

支持上下级调控机构间负荷批量控制信息交互功能，具体功能如下：

（1）支持下级调控机构实时可切负荷值上传功能，下级调控机构能将本系统中已定义的控制序位表当前可切负荷总量信息上传到上级调控机构。

（2）支持上下级调控机构间控制信息交互功能，上级调控机构能向下级调控机构下发负荷控制目标值，下级调控机构能接收上级调控机构下发的负荷控制目标值，并根据目标值启动本系统的负荷批量控制功能。

（3）支持下级调控机构实时已切除负荷值上传功能，下级调控机构在执行负荷批量控制时能够将当前控制序列已切除负荷总量实时上传到上级调控机构。

（4）支持上下级调控机构间控制交互历史信息存储功能，上级调控机构将下发给下级调控机构的控制信息永久存储，并支持查询；下级调控机构将接收到的上级调控机构控制信息永久存储，并支持查询。

（5）支持下级调控机构负荷批量控制工作状态心跳上传功能；支持上级调控机构发现下级调控机构负荷批量控制工作状态异常告警功能。

（6）支持将负荷批量控制结果数据传输到管理信息大区；支持将负荷批量控制结果信息导出为文本，推送给调度管理信息系统。

（7）支持控制目标值从系统其他应用获取。

7. 批量控制拓展功能

负荷批量控制功能除了支持上述快速切除批量负荷功能，还支持其他批量设备远方快速控制功能，以适应不同批量设备远方控制业务需求。

（1）支持按不同批量设备远方控制业务维护控制序位表功能，支持控制设备闭锁信号、测量值等信息关联定义功能；

（2）支持批量设备远方顺序控制功能，在控制过程中具备根据条件判断是否终止功能，判断条件包括达到预设的控制目标、控制设备闭锁信号动作、系统发生故障或异常告警等，条件一旦满足立即终止控制操作。

（三）智能批量遥控程序执行流程

智能批量遥控程序采取分离控制方式，监控员通过批量控制选择界面选择预案、确认控制开关序列后，将控制序列发送至指定其他机器，由接受控制开关序列的批量控制执行界面继续完成之后的操作，如图1-24所示。智能批量遥控程序执行流程如下所述。

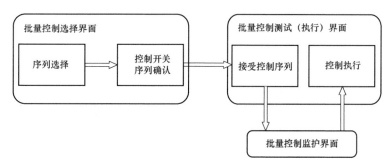

图1-24 智能批量遥控程序分离控制方式示意

1. 控制序列编辑

（1）启动智能批量遥控程序，点击控制界面右上方箭头按钮，选择编辑态，切换至编辑状态，如图1-25所示。

图1-25　智能批量控制编辑态

（2）点击右上方登录按钮，弹出登录框，使用具有"批量控制定义"权限用户登录，如图1-26所示。

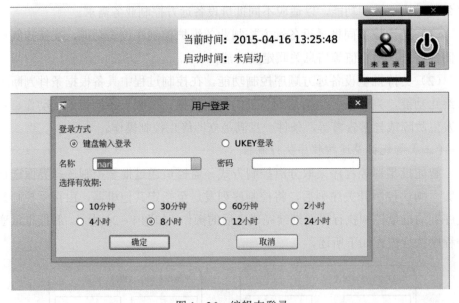

图1-26　编辑态登录

（3）左侧序列名称列表空白处点击右键，可进行序列的新增操作，如图1-27所示。新增序列后，需要定义右侧的序列属性，需要维护"名称""序列类型""序列所属分类""最大限电需求""所属组1""所属组2""所属组3"等项目。

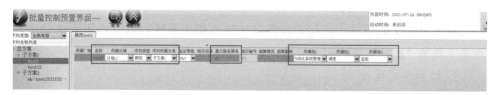

图 1-27 新增序列操作截图

所属组是用户对控制序列权限进行限制，每个序列可同时属于三个用户组，在用户登录后，只能显示、编辑和控制用户所在组的序列；对于已定义的序列，点击序列名称后，右键可进行序列的修改和删除操作。

（4）增加设备（图 1-28）。

步骤 1：点击界面工具条的"增加"操作，在设备定义区域会增加一条空记录。

步骤 2：在定义区域通过检索器拖拽定义"开关名称""相关设备 1-4"，修改"控制顺序""所属区域""控制状态"。

注：相关设备 1～4 的电流之和、功率之和为所控设备对应的电流和功率。

步骤 3：修改完毕后，点击工具条"保存"。

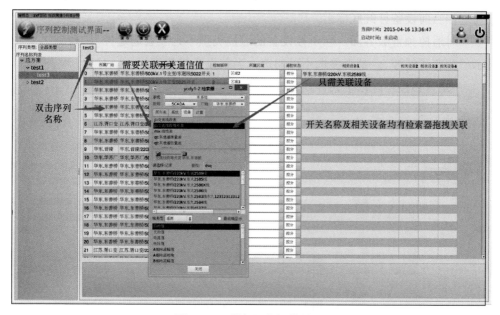

图 1-28 增加设备操作截图

（5）修改/删除设备。

对于已定义的设备，直接在设备区域修改相关属性，或双击选中设备后，点击工具条"删除"按钮删除设备；修改完毕，点击"保存"。

2. 控制序列执行

（1）序列选择。

在序列控制预置版切换到遥控态，或者启动序列控制执行版，使用具有"批量控制序列选择"权限用户登录。双击序列名称列表中序列名称，右侧设备区域会对序列中的设备进行自动筛选，如图1–29所示，筛选策略如下：

当控制序列中的设备所属通信厂站表"是否允许遥控"为"否"，控制结果显示为"厂站不允许遥控"，是否参控项不可勾选，当前设备打粉色底色。

当所控设备遥控参数定义不完整，控制结果显示为"参数错误"，是否参控项不可勾选，当前设备打粉底标示。

当设备设置了带禁控属性的标识牌，控制结果显示为"设备挂牌"，是否参控项可以勾选，当前设备打黄底标示。

当前设备状态为"分"时，控制结果显示为"当前为分"，是否参控项可以勾选，当前设备打红底标示。

对遥控预置版界面，当所控设备的遥控类型不为"普通遥控"，控制结果显示"非普通遥控"，是否参选不可勾选，当前设备打粉底标示。

"是否参控"除以上条件均默认全选。

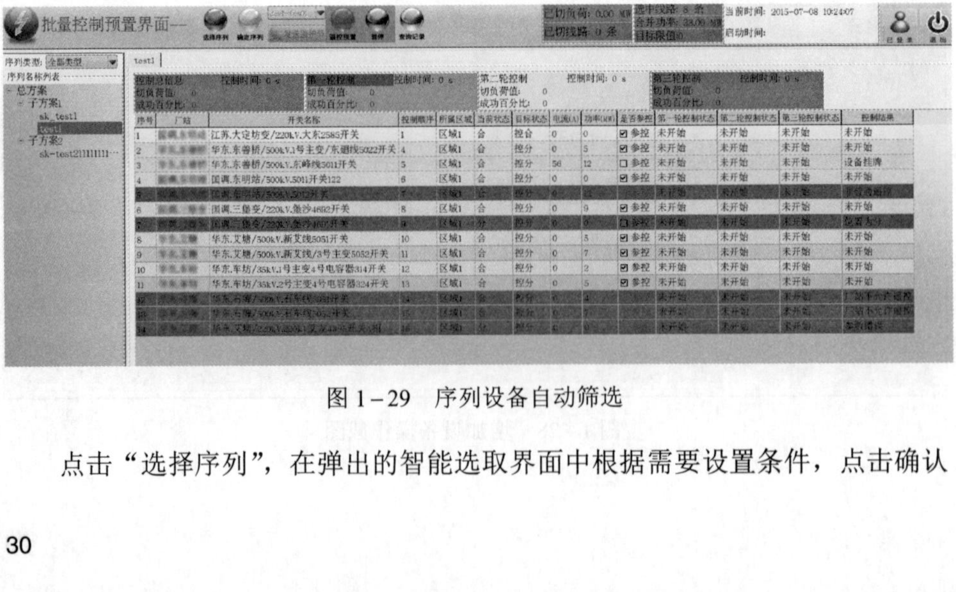

图1–29 序列设备自动筛选

点击"选择序列"，在弹出的智能选取界面中根据需要设置条件，点击确认后，在开关列表中"是否参控"选中项中智能选取，如图 1-30 所示，智能选取策略如下：

按照过滤选项即"所属通道工况退出""设备正在遥控中""当前状态与目的状态一致""设备闭锁遥控""设备状态为双位错""政府未批准"过滤设备，判断设备的功率是否满足"功率选取范围"（可选），判断设备的最近控制时间是否满足"控制时间选取范围"（可选），然后进行区域过滤，即设备所属区域是否在勾选的区域范围内，再根据序列选取策略选取。

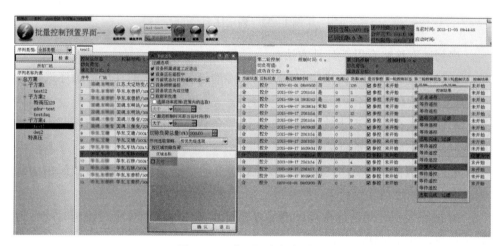

图 1-30 序列设备智能选取

如果对选取的结果不满意，可以在表头标题右键单击"是否参控"，在弹出的"全部选中/取消"中批量选择，还原开始的选择状态，如图 1-31 所示。

图 1-31 还原选择状态

选取完成后，点击"确定序列"，弹出确认登录对话框，使用登录界面的用户确认，出现提示窗口，阅读后点击确认，右方列表中显示需要控制开关信息，如图1-32所示。

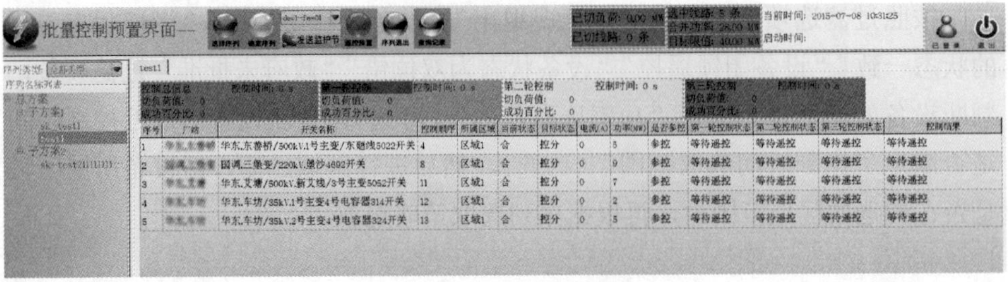

图1-32 确定序列

序列选取策略有以下几种方法：

● 按照优先级选取：满足以上过滤条件的设备按照从前往后的顺序选取，并满足切除负荷量；

● 按照负荷由大到小选：满足以上过滤条件的设备对应的负荷按照由大到小选取，并满足切除负荷量；

● 按照负荷由小到大选：满足以上过滤条件的设备对应的负荷按照由小到大选取，并满足切除负荷量；

● 按照控制时间由近至远：满足以上过滤条件的设备对应的控制时间由近到远选取，并满足切除负荷量；

● 按照控制时间由远至近：满足以上过滤条件的设备对应的控制时间由近到远选取，并满足切除负荷量。

● 选取说明在列表最后一列"控制结果"显示；选择结果查看"合并功率"以及"选中线路"展示，可单独勾选需要控制的开关。

（2）控制监护。

确定序列后，选择监护节点，点击发送监护节点。可监护节点使用具备批量遥控监护权限的用户进行监护确认，如图1-33所示。

（3）控制执行。

确认序列后，需要监护控制的，在监护通过后，点击"遥控执行"，弹出确认登录窗口，使用具有批量遥控权限用户登录确认后，弹出提示倒计时按钮，选择确认执行，如图1-34所示。

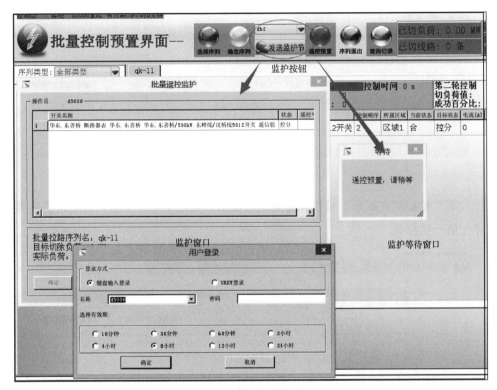

图 1-33 控制监护界面

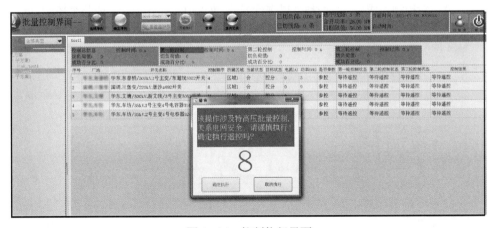

图 1-34 控制执行界面

控制完成后，显示控制结果提示信息，如图 1-35 所示，若控制完全未成功，点击确认可进入第二轮控制状态，点击"No"退出可控状态。

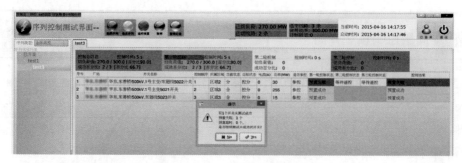

图 1-35　第一轮控制界面

　　第二轮控制完成后，对控制结果进行统计，如图 1-36 所示，判断是否需要进行第三轮控制。

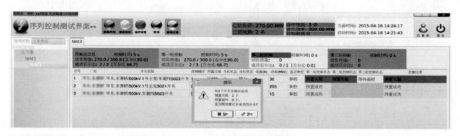

图 1-36　第二轮控制界面

　　第三轮控制完成后，对控制结果进行统计，如图 1-37 所示，完成整个控制流程。

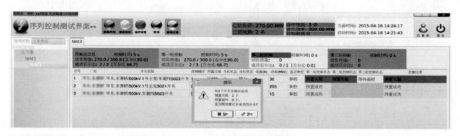

图 1-37　第三轮控制界面

控制流程结束后，可选择更新控制时间来刷新设备的控制时间，如图1-38所示。

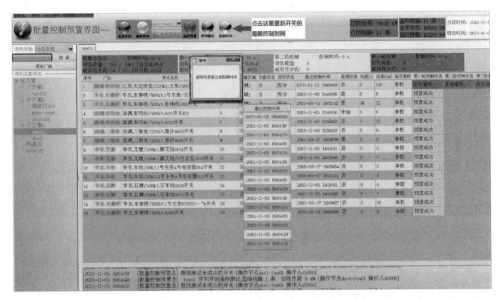

图1-38　更新控制时间界面

3. 控制记录查询

选择"查询记录"按钮，弹出界面显示，选择需要查询的控制操作时间，查看控制结果，如图1-39所示。

（四）技术应用

针对仅凭单设备遥控技术无法满足电网应急处置要求这一不足之处，河北电力调度控制中心与国网邯郸供电公司联合研发，开发了任意定制的智能批量遥控功能，将需要同时并行操作的多个设备编程列入同一个操作序列，一次启动同时发出多条跳闸命令，可1s内实现不同厂站多台开关跳闸，精确完成不同量级和不同路次的操作任务。例如，高峰负荷期间500kV××站主变压器$N-1$故障将过载，需邯郸东部执行10万kW事故拉路容量，即在自动化系统中应用了任意定制的批量拉路功能，以有效应对电网突发事件。为验证批量遥控操作功能的可靠性，春季检修试验期间，国网邯郸供电公司在23条10kV母线上进行了批量遥控试验，原来遥控一台开关执行标准流程大约需要4min，批量遥控仍沿用原流程但同时遥控了10台开关，平均每台用时不足半分钟。

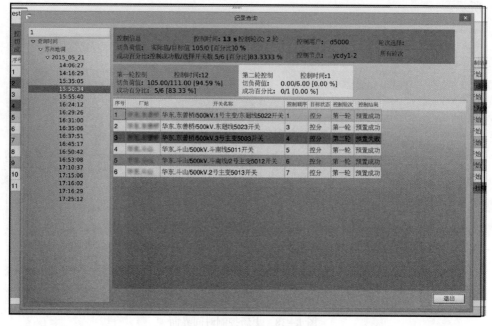

图1-39　控制记录查询

批量遥控功能的作用：

（1）遇有电网突发事故时，在无需运维人员到站的情况下，依然能够可靠、快速、精确地完成事故拉路任务，有效提升了电网应急处置水平；

（2）多个开关停电应用批量操作，不仅速度快，还大大降低了监控员劳动强度。

三、集中遥控操作智能防误闭锁技术

电网集中调控模式下，远方遥控操作已成为主要的倒闸操作模式。为保证遥控操作安全开展，国家电网有限公司颁布系列规程文件，明确规定调度控制中心远方操作应具有完善的防误闭锁措施和可靠的设备状态确认方式。

目前，国内外电力调度机构大多应用 OPEN3000、D5000 等自动化系统作为技术支持平台来完成远方集中遥控操作，但由于自动化系统遥控操作防误闭锁功能基本缺失，主站遥控技术基本上是无安全约束、完全开放式的。与此同时，进行远方遥控操作期间，站端传统的机械防误、电子防误、微机"五防"等无法自动实时校核远方集中遥控操作，因此使整个遥控操作流程中任一步骤出现错误都有可能导致误操作事件的发生，以致危及电网的安全稳定运行［五防：防止误拉合断路器、防止带负荷拉合隔离开关、防止带电挂（合）接地线（接地开关）、防止带接地线送电、防止误入带电间隔］。实际工作中，防止误遥控操作只能依靠调控员的工作经验和安全责任心，存在非常大的安全隐患。因此十分有必要研发和应用智能防误闭锁功能，提升远方遥控操作技术水平，改进遥控操作安全管控模式，从而有效地减少人工误操作对电网安全运行带来的危害，切实提升电网倒闸操作效率和安全稳定水平。

（一）总体功能设计

集中遥控操作智能防误闭锁技术基于电网接线模型分析和防误规则框架自定义技术研发，利用安全隔离技术实现管理信息大区（Ⅲ区）的智能防误操作票系统和生产控制大区（Ⅰ区）的智能电网调度控制系统（D5000 系统）间的数据交互。智能防误操作票系统包括调度指令票和监控操作票两个系统，总体架构如图 1-40 所示。

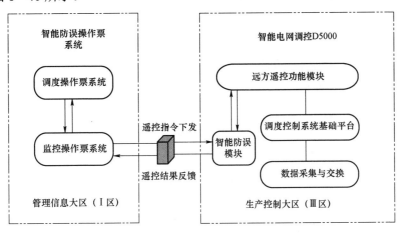

图 1-40 集中遥控操作智能防误闭锁技术总体架构

该技术构建了遥控操作专项路径和专门界面，实现了调度指令智能解析、遥控项目安全校验、操作过程实时监控、控制结果自动研判，强制性地实现调度指令票、监控操作票、实际受控设备三者的一致性，有效防止误遥控情况的发生，技术应用设计流程如图 1-41 所示，具体描述如下：

图1-41　集中遥控操作智能防误闭锁技术应用设计流程

（1）调度员下达遥控指令后，将在管理信息大区（Ⅲ区）依据调度指令自动解析的监控操作票传送至生产控制大区（Ⅰ区）EMS系统，经一致性校验、防误安全校验、模拟预演通过后才开放相应设备遥控权限，自动调阅相关设备画面，实现一键安全快速执行。

（2）遥控操作过程中，D5000系统按照防误规则，对每台受控设备进行实时安全校核，校核结果正确，逐设备开放遥控权限，上一设备操作到位，下一设备遥控权限方可开放，其中任一台设备操作不到位，则中止操作。校核结果错误时，闭锁遥控权限，禁止执行遥控操作。

（3）遥控操作执行完毕后，自动报告遥控操作任务、控制设备及执行结果，并将控制结果信息返回给监控操作票和调度指令票系统，相关设备恢复闭锁状态。

（二）核心技术内容

核心技术内容包括一致性校验技术、安全防误校验技术和遥控智能执行技术三个部分，具体如下：

（1）一致性校验技术。

应用该技术执行遥控操作时，需要在处于生产控制大区（Ⅰ区）的调度指令票、监控操作票和处于管理信息大区（Ⅲ区）的D5000系统之间进行数据交互，必须保证各环节、各系统间接收和读取信息的一致性，才能保证操作执行正确，因此必须对控制对象进行一致性校验。只有控制对象的厂站名、设备名、设备ID和现有D5000系统中完全一致，控制请求命令才有效，否则直接返回错误信息，提示控制设备与D5000系统不一致，禁止控制。

1）下发操作指令语义识别规范。

约定监控操作票格式，通过Ⅰ/Ⅲ区数据交互，将票面列出的操作设备信息对应到EMS系统的数据库生成控制文件。

监控操作票控制请求文件可参考下面的格式：

文件名：JKCZP_CTRL_REQ_yyyyMMddhhmmss.txt

其中，JKCZP 表示生成方为监控操作票系统；

CTRL_REQ 表示该文件的类型为控制请求；

yyyyMMddhhmmss 表示本次生成文件当前时间。

文件内容：

```
    <!System=JKCZP    Version=1.0    Code=UTF-8    Data=1.0    Date='2019-04-20T10:22:00'
CtrlNum=2!>
    <JKCZP::控制请求>
    @厂站名 厂站 ID 设备名 设备 ID 控制目标状态
    #河北.×××站 11342312322221212 ****5021 开关 12313131222221 0
    #邯郸.×××站 11342312322221213 ****5022 开关 12313131222222 0

    </JKCZP::控制请求>
```

标签解释：

＜JKCZP：：控制请求＞

"CtrlNum"控制序列中控制目标设备的个数，需与实际控制序列个数一致；

"厂站名"控制设备所属厂站名称，与 D5000 保持一致；

"厂站 ID"控制设备所属厂站 ID，与 D5000 保持一致；

"设备名"控制设备名称，与 D5000 保持一致；

"设备 ID"控制设备 ID，与 D5000 保持一致；

"控制目标状态"0 表示遥控分闸，1 表示遥控合闸。

2）控制结果反馈语义识别规范。

遥控操作全部执行完成后，将每台设备遥控操作最终结果反馈给智能防误操作票系统，对于控制失败设备需要返回具体错误信息。

由客户端程序直接在工作站生成返回信息，之后发送至服务器进行备份，同时发送至隔离传送策略配置的文件夹，完成下发；服务器名、隔离策略路径均通过读取配置文件获得。

操作票结果文件可参考下面的格式：

文件名：EMS_CTRL_ANS_yyyyMMddhhmmss.txt

其中，EMS 表示生成方为 D5000 系统；

CTRL_ANS 表示该文件的类型为控制结果反馈；

yyyyMMddhhmmss 表示本次生成文件当前时间。

文件内容：

<!System=EMS Version=1.0 Code=UTF－8 Data=1.0 Date='2019－01－10T10:22:00'CtrlNum=2!>

<EMS::控制请求>

@厂站名 厂站 ID 设备名 设备 ID 控制目标状态 控制结果 错误信息

#河北.×××站 11342312322221212 ****5021 开关 1231313122221 0 1 NULL

#邯郸.×××站 11342312322221213 ****5022 开关 1231313122222 0 0 防误校验失败

</JKCZP::控制请求>

标签解释：

<JKCZP：：控制请求>

"CtrlNum"控制序列中控制目标设备的个数，需与实际控制序列个数一致；

"厂站名"控制设备所属厂站名称，与 D5000 保持一致；

"厂站 ID"控制设备所属厂站 ID，与 D5000 保持一致；

"设备名"控制设备名称，与 D5000 保持一致；

"设备 ID"控制设备 ID，与 D5000 保持一致；

"控制目标状态"0 表示遥控分闸，1 表示遥控合闸；

"控制结果"0 表示失败，1 表示成功；

"错误信息"和控制结果配合使用，控制成功则为 NULL，控制失败则为对应控制出错信息。

一致性校验功能由服务程序负责完成，服务程序布置在固定服务器，轮巡固定文件夹，获取由管理信息大区（Ⅲ区）上送的文件，以设备 ID 为索引获取厂站 ID、厂站中文名和设备中文名，进行校验。

（2）安全防误校验技术。

变电站集中监控的范围，从几个变电站扩大到一个地区变电站群的集中监控，操作范围从分站操作扩大到分区操作，客观上要求完善集中监控功能，具备远方操作模拟预演、拓扑防误校核等手段，确保操作指令传输各环节安全、准确、可靠，严防遥控误操作。应用该技术后，遥控操作过程中，D5000系统按照防误规则要求，对每台受控设备进行实时安全校核。校核结果正确后，开放遥控权限，允许执行遥控操作。校核结果错误时，闭锁遥控权限，禁止执行遥控操作。防误校核内容包括：① 遥控前设备是否允许进行遥控操作；② 遥控后设备是否遥控操作到位。校核逻辑通过综合判定能够反映电网实时运行状态的设备遥信位置、遥测值（有功、无功、电流、电压）等信息加以实现，相关校核逻辑策略可结合实际电网接线情况进行逐站、逐设备自定义维护。

拓扑防误规则如下：启动某一开关的遥控操作后，系统自动执行拓扑防误功能，以该开关两侧为起点，开始逐元件搜索开关两侧连接范围内电气设备运行情况，搜索至边界设备时停止，并依据搜索情况判定开关遥控条件。下面以110kV电压等级电网设备接线为例介绍拓扑防误规则。根据地区电网的调度管辖范围和设备接线特性将电气设备断开点、变压器110kV主进开关、220kV变电站的110kV母线定义为搜索边界设备，将220kV变电站的110kV母线定义为电源点。

1）遥控开关前防误校核。

① 开关遥控合闸条件判别。对于空载线路和非空载线路，开关遥控合闸后的位置判定条件是不同的，因此开关遥控合闸前，系统首先对开关电压遥测值U_i进行判断。若$|U_i|<1$，判断该线路开关合上后为空载线路；若$|U_i|>1$，则该线路开关合上后非空载线路。执行完毕该判定之后，系统再检验开关是否满足遥控合闸条件，具体如下：

遥控合闸条件判别：拟遥控开关的拓扑防误搜索范围内接地开关均在断位（无接地线），无禁止合闸类标识牌时，系统允许遥控合闸开关，否则系统会发出禁止合闸信息，并提示告警原因。

说明：遥控合上开关时，系统判断各设备位置时只采该设备的遥信信息，设备合位为1，设备分位为0。

对于变电站开关K_{zi}，将它的第j条完整连通回路标记为L_{zij}，则该回路的状态判断为

$$F_{zi}=D_{ij}\cup E_{ij}$$

式中 F_{zi}——开关遥控合闸判定结果；

D_{ij}——搜索范围内地线（接地开关）情况，该回路无接地线或者接地开关均在分位时，$D_{ij}=0$，否则 $D_{ij}=1$；

E_{ij}——搜索范围内挂牌情况，该回路无禁止合闸类标识牌时，$E_{ij}=0$，否则 $E_{ij}=1$。

开关允许遥控合闸校核条件为：$F_{zi}=0$。

② 开关遥控分闸条件判别。开关遥控分闸前，系统先根据开关电流遥测值 I_i 判定是否为空载线路，若 $|I_i|<10$，判断该线路为空载线路；若 $|I_i|>10$，则判断该线路非空载线路。执行完毕该判定之后，系统再检验开关是否满足遥控分闸条件，具体如下：

判断为空载线路时开关可直接遥控分闸；判断为非空载线路时开关遥控分闸后需保证开关两侧均不会造成设备停电。对拟遥控非空载开关进行拓扑防误搜索，且开关两侧均存在 220kV 变电站的 110kV 母线作为搜索边界时，系统允许遥控分开开关，否则系统会发出禁止分闸信息，并提示告警原因。

说明：遥控分开非空载线路开关时，系统判断各开关位置的综合遥信和遥测信息。当开关位置在合位（即 W 取 1）、开关电流 CI 不为 0、开关有功或无功不为 0 三个条件同时满足时，即式（1－1）中 $Z_i=1$ 时，系统判定开关确实已经合好。$Z_i=0$ 时，判定开关在分位。系统判断各隔离开关位置时只采用该隔离开关的遥信信息，设备合位为 1，设备分位为 0。

$$Z_i=W \bigcap (CP \bigcup CQ) \bigcap CI = 1 \qquad (1-1)$$

式中　Z_i——开关位置的真值判断；

　　　W——K_i 开关的位置合位取 1，分位取 0；

　　　CP——K_i 开关的无功 P_i 是否有值的判断，若 $|P_i|>1$，则 CP=1，否则 CP=0；

　　　CQ——K_i 开关的有功 Q_i 是否有值的判断，若 $|Q_i|>1$，则 CQ=1，否则 CQ=0；

　　　CI——K_i 开关的电流 I_i 是否有值的判断，若 $|I_i|>10$，则 CI=1，否则 CI=0。

2）遥控开关后防误校核。

① 开关遥控合闸到位校核。

系统对开关遥控执行结果进行校核，合闸到位判断条件为 $Z_i=1$。

对于空载开关，校核条件为开关合位和电压遥测值正常，即：

$$Z_i=W \bigcap CU$$

式中　CU——K_i 开关的电压 U_i 是否有值的判断，若 $|U_i|>1$，则 CU=1，否则 CU=0。

对于非空载开关，校核条件为开关合位、电流和有功无功遥测值正常，即：

$$Z_i = W \cap (CP \cup CQ) \cap CI$$

② 开关遥控分闸到位校核。

开关遥控分闸后，系统会对执行结果进行校核，分闸到位判断条件为 $Z_i=0$。

对于空载开关，校核条件为开关分位和电压遥测值为 0，即：

$$Z_i = W \cup CU$$

对于非空载开关，校核条件为开关分位、电流和有功无功遥测值为 0，即：

$$Z_i = W \cup (CP \cup CQ) \cup CI$$

根据理论计算和实际统计，U_i 的临界值取 1kV，P_i 和 Q_i 的临界值分别取 1MW 和 1Mvar，I_i 的临界值取 10A。

（3）遥控智能执行技术。

服务端程序读取控制文件，经一致性校验和安全防误校验通过后，将设备 ID、当前状态、控制目标结果等通过消息发送各客户端程序，客户端所在的工作站通过配置文件的方式读取。客户端所在的工作站收到消息后，D5000 系统自动弹出遥控操作执行界面，并根据智能防误操作票系统发送的控制序列请求信息，将需要控制的设备对象及其控制状态，按照操作步骤和顺序以列表形式在执行界面上半部分显示，将当前准备执行或正在执行的画面自动调出，在遥控执行界面下半部分显示。该界面下具备"单步"和"连续"两种操作模式，操作人员可根据需要灵活选择应用。遥控智能执行界面如图 1—42 所示。

选择"单步"模式执行遥控操作时，操作人先点击"遥控预置"按钮，输入用户名和密码后，将遥控请求发送至另一台 D5000 监控机，监护人核对内容无误后输入用户名和密码后监护通过，操作人点击"遥控执行"按钮即可启动遥控操作。同一操作任务包括多台设备时，在一台设备执行完毕之后，点击"下一个"按钮，即可按顺序启动下一设备遥控操作，无需操作人和监护人重复输入用户名和密码，即一项遥控操作任务包含多台设备时，只需输入一次口令，遥控过程中只需进行简单人工干预操作。

选择"连续"模式执行遥控操作时，操作人和监护人分别输入用户名和密码，点击"遥控执行"按钮启动遥控操作后，无需再进行人工干预操作即可将全部设备遥控执行完毕，即一项遥控操作任务只需输入一次口令，遥控过程中无需进行人工干预操作。

图1-42 遥控智能执行界面

遥控过程中，系统检测到某一步骤操作不到位时，不允许执行下一设备遥控操作，"下一步"按钮呈灰色不可选择执行的状态。此时允许监护人点击"遥控预置"按钮重新启动一次当前设备的遥控操作。若当前设备确实无法执行遥控操作时，点击"遥控取消"即可结束本次遥控操作任务。

（三）案例应用分析

1. 线路空充电操作

在图1-43典型电网运行方式下遥控合上220kV A站AB线121开关时，启动121开关的遥控操作后，系统自动执行拓扑防误功能。以121开关两侧为起点，开始逐元件搜索开关两侧连接范围内电气设备运行情况，121-1隔离开关侧搜索至A站110kV 1号母线时停止。121-5隔离开关侧搜索至B站152开关时停止。

因此，遥控合上A站AB线121开关时，拓扑防误搜索范围为A站110kV 1号母线至B站152开关之间，若该范围内所有接地开关均在断开位置，并且未设置禁止合闸类标识牌，则允许遥控合上 A 站 121 开关，并提示校核通过，如图 1-44 所示。

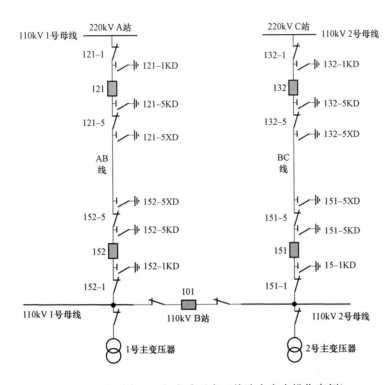

图 1-43　典型电网运行方式示意（线路空充电操作案例）

若该范围内任一接地开关均在合闸位置，或任何位置设置有禁止合闸类标识牌，则禁止遥控合上 A 站 121 开关，并提示告警信息，如图 1-45 所示。

2. 线路合环操作

在图 1-46 运行方式下，遥控分开 110kV B 站 BC 线 151 开关时，启动 151 开关的遥控操作后，系统自动执行拓扑防误功能。以 151 开关两侧为起点，开始逐元件搜索开关两侧连接范围内电气设备运行情况，151-5 隔离开关侧搜索至 C 站 110kV 2 号母线时停止。151-1 隔离开关侧搜索至 B 站 2 号主变压器、1 号主变压器、152 开关时停止。

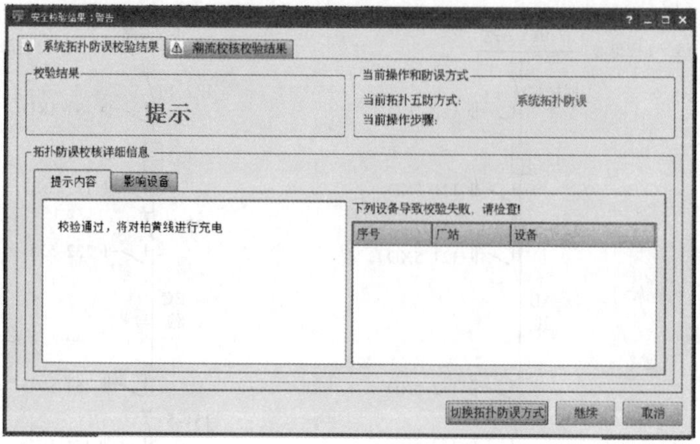

图 1-44　遥控合上 A 站 121 开关拓扑防误校验对话框（提示）

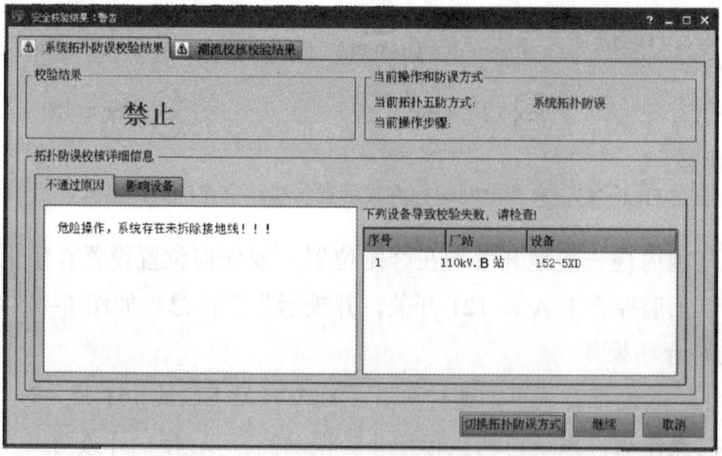

图 1-45　遥控合上 A 站 121 开关拓扑防误校验对话框（禁止）

此时，因 151-1 隔离开关侧未搜索到电源点，遥控分开××站 BC 线 151 开关后会造成 BC 站 110kV 1 号母线、2 号母线、1 号主变压器、2 号主变压器停电，则禁止遥控分开 BC 站 151 开关，并进行告警提示，如图 1-47 所示。

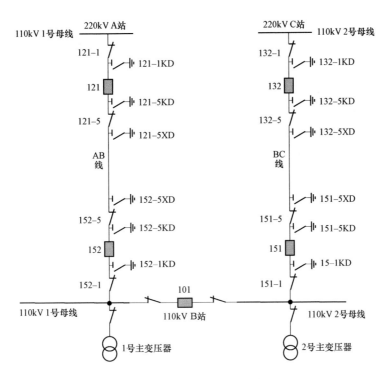

图 1-46 典型电网运行方式示意（线路合环操作案例）

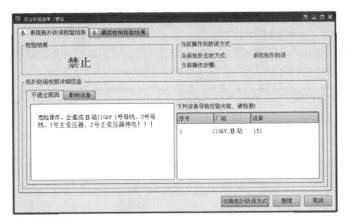

图 1-47 遥控分开 B 站 151 开关拓扑防误校验对话框（禁止）

3. 线路解环操作

在图1-48运行方式下，遥控分开110kV B站BC′线151开关时，启动151开关的遥控操作后，系统自动执行拓扑防误功能。以151开关两侧为起点，开始逐元件搜索开关两侧连接范围内电气设备运行情况，151-5隔离开关侧搜索至C站110kV 2号母线时停止。151-1隔离开关侧搜索至B站2号主变压器、1号主变压器、220kV A站110kV 1号母线时停止。此时，因151开关两侧均存在电源点，操作后不会造成设备停电，因此允许遥控分开B站151开关，并提示校核通过，如图1-49所示。

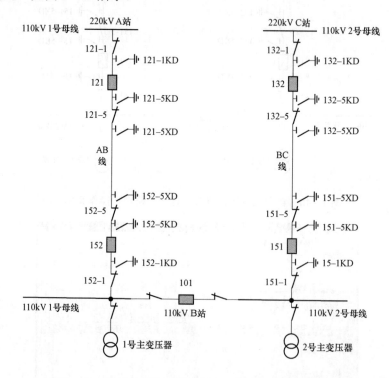

图1-48 典型电网运行方式示意（线路解环操作案例）

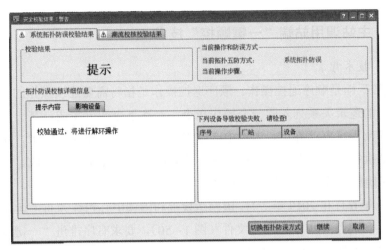

图 1-49　遥控分开黄明站 151 开关拓扑防误校验对话框（提示）

（四）应用成效

（1）有效解决无约束式遥控功能安全隐患，确保遥控操作安全开展。该技术成果基于严格的电网接线模型分析和防误规则框架自定义技术研发，具备完善的遥控权限管理机制和遥控操作防误闭锁技术。能够安全可靠地实现调度指令票、遥控操作票、遥控执行的人机联合安全把关，将原先遥控功能完全开放主要依靠人工选择执行的老模式转化为遥控操作专用路径系统智能校核安全闭锁的新模式，强制性地实现了调度指令票内容——监控操作票内容——实际遥控设备三者的一致性，实现调度下令——监控接令——遥控执行的全过程安全管控，完全杜绝了遥控操作误填票、误选择、误执行的安全隐患，确保远方遥控操作的安全性和正确性。

（2）有效化解监控员遥控工作量大的难题，大幅提升遥控操作效率。能够自动识别和解析调度指令，自动生成符合逻辑、步骤正确、内容无误的监控操作票和 D5000 系统识别的程序，无需人工填写遥控操作票，无需再由人工在 D5000 系统逐项地从数据库中选取相应的设备或手动输入生成操作项目。操作过程中操作人和监护人只需分别输入一次口令，即可完成多台设备的远方遥控操作，无需再由操作人和监护人分别多次输入用户名和密码，缩短了遥控多台设备需要重复输入口令的时间，倒闸操作效率大幅提升。

四、主站调用站端"一键顺控"技术

(一)技术背景

"顺控"即是顺序遥控操作。顺序遥控操作是指将需要连续操作的多个设备按照一定的逻辑关系列入同一个操作指令,一次下令即可完成,某一步骤操作失败将导致程序自动终止。调控中心常规应用的顺序遥控操作技术,从程序编制到启动执行,操作全过程、执行各环节均由监控员完全主导完成,操作步骤烦琐、风险隐患较多、安全责任重大。

2018年6月和2019年2月,国网运检部和国调中心相继颁布了运检〔2018〕63号文件和调监〔2019〕24号文件(图1-50),要求有序推进"一键顺控"工作。国网邯郸供电公司裴东锋创新工作室主动对接国家电网有限公司重点工作任务,在前期参与编制国调中心印发的《智能电网调度控制系统顺序控制功能规范》的基础上,守正创新,担当作为,按照泛在电力物联网建设思路和总体要求强化组织,整合资源,坚持创新驱动、技术攻关,开展了大量卓有成效的创新工作,通过采取研发"一键顺控"功能模块、规范远动通信规约、扩充主子站信息流等创新举措,成为国网系统首家基于最新技术规范实现主站调

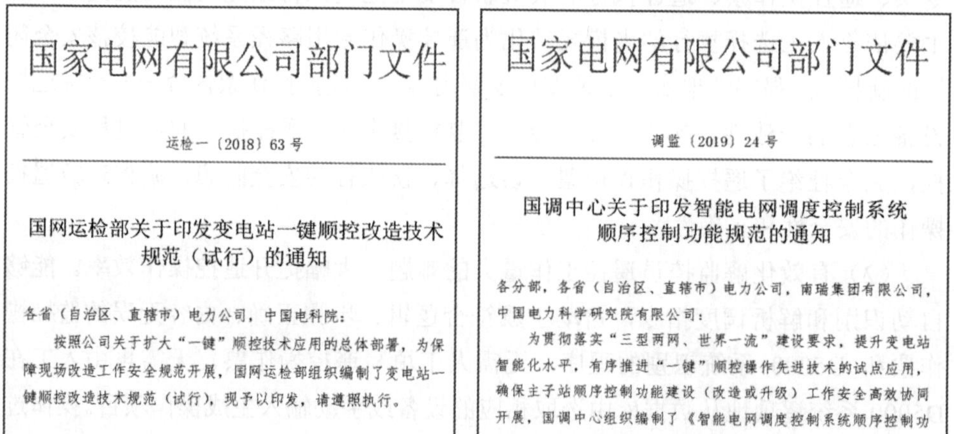

国家电网有限公司部门文件

运检一〔2018〕63号

国网运检部关于印发变电站一键顺控改造技术规范(试行)的通知

各省(自治区、直辖市)电力公司,中国电科院:

按照公司关于扩大"一键"顺控技术应用的总体部署,为保障现场改造工作安全规范开展,国网运检部组织编制了变电站一键顺控改造技术规范(试行),现予以印发,请遵照执行。

国网运检部
2018年6月6日

(此件发至收文单位所属各级单位)

国家电网有限公司部门文件

调监〔2019〕24号

国调中心关于印发智能电网调度控制系统顺序控制功能规范的通知

各分部,各省(自治区、直辖市)电力公司,南瑞集团有限公司,中国电力科学研究院有限公司:

为贯彻落实"三型两网、世界一流"建设要求,提升变电站智能化水平,有序推进"一键"顺控操作先进技术的试点应用,确保主子站顺序控制功能建设(改造或升级)工作安全高效协同开展,国调中心组织编制了《智能电网调度控制系统顺序控制功能规范》,现予以印发,请遵照执行。

国调中心
2019年2月20日

(此件发至收文单位所属各级单位)

图1-50 国家电网有限公司文件截图

用站端"一键顺控"技术研发和应用的单位，将原先完全由调度主站主导和执行的程序化遥控操作创新为主站端调用站端操作序列、站端后台负责执行和反馈的操作模式，互联贯通了调度主站和站端系统多个技术环节，实现了调度、运检两大专业联合管控、一体化作业，进一步明确了不同体系间安全职责界限，大幅提升了电网倒闸操作效能和智能水平。

（二）技术内容

1. 技术方案及实施

该技术以电网智能调控需求为导向，围绕电网倒闸操作这一核心作业项目，树立互联网的思维，充分应用网络互联、数据共享、人工智能等现代信息技术和先进通信技术，在站端配置"一键顺控"功能的基础上，对调度主站 D5000 系统进行升级改造后部署调用功能，完成由主站端调用站端操作序列、站端后台负责执行和反馈的操作模式，其技术架构如图 1－51 所示。

调控主站基于智能电网调度控制系统（D5000 系统）基础平台，实现 SCADA 顺序控制功能，主要包括权限管理、操作任务编辑解析、拓扑防误、操作票调阅、模拟预演、操作执行等功能。在操作员工作站或经过纵向加密网络延伸的远程终端上，发起顺序控制操作。操作命令经主站数据采集与交换服务器、变电站通信网关机在调控主站和变电站监控系统间进行交互。变电站监控系统配置一键顺控功能模块，配合完成调控主站顺序控制功能，实现操作票调阅、模拟预演、站内五防校验、操作执行等功能。

为实现主站调用站端"一键顺控"技术，工作室因地制宜，多措并举，采取了以下创新举措：

（1）创新研发主站功能模块（图 1－52）。主站完成前置共享内存扩容、前置服务器程序升级替换，站端对后台库和远动库进行版本升级后，实现了权限管理、任务解析、票面调阅、防误校验、模拟预演、操作执行等功能，全面贯通了调度主站和站端后台顺序控制模块。

（2）统一规范远动通信规约。针对站端后台机和主站 D5000 系统属于不同厂家设备，彼此之间通信规约不匹配，无法实现主子站一体化协同作业的问题，组织各厂家技术人员共同研究，统一配置为升级后的第三代 IEC 104 规约，实现了主子站间遥控指令的正确顺畅交互，一举突破了站端监控与远动机间通信壁垒，如图 1－53 所示。

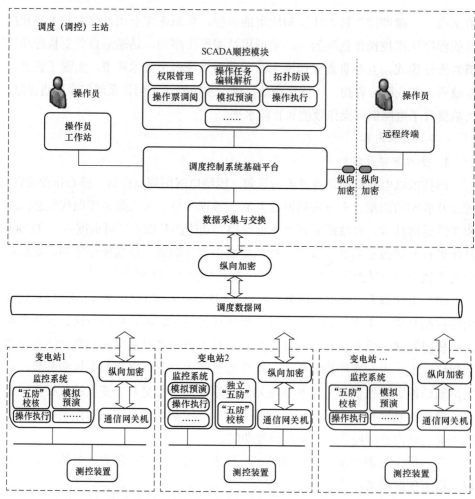

图 1-51　主站调用站端"一键顺控"技术架构示意

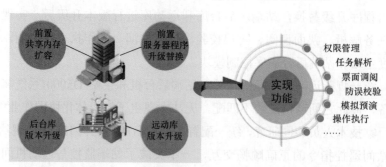

图 1-52　创新研发主站功能模块示意

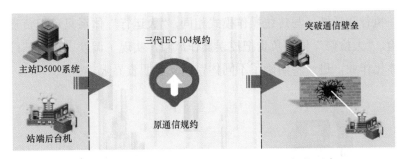

图 1-53 通信规约升级为第三代 IEC 104 规约示意

（3）全面扩充主子站信息流。主站调用站端"一键顺控"后，相较于常规的"四遥"信息，主子站间信息交互量成几何倍数增加，为防止出现操作卡滞、速度缓慢等异常情况，对主子站间接口路径进行了全面扩充，确保票面调阅、防误校验、模拟预演、操作执行等功能安全、高效、顺畅开展。主子站接口路径全面扩充示意见图 1-54。

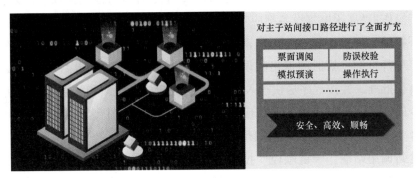

图 1-54 主子站接口路径全面扩充示意

2. 主要创新点

（1）互联贯通主站和站端系统，遥控操作分工更合理（图 1-55）。调控中心原先应用的程序化遥控操作技术，从程序编制到启动执行，操作全过程、执行各环节均由监控员完全主导完成，防止误下令和误操作风险全部由"大运行"体系把控，操作步骤繁琐、风险隐患较多、安全责任重大。站端具备"一键顺控"功能后，通过采取技术创新，应用网络互联、数据共享、人工智能等现代信息技术和先进通信技术，互联贯通了调度主站和站端系统多个环节，实现主站调用站端"一键顺控"技术后，改由主站端部署调用功能，厂站后台负责安全校核、执行和反馈。与传统操作模式相同，"大运行"体系只承担负责把控误下令风险，"大检修"体系负责把控误操作风险，实现了调度、运检部门联合管控、一体化作业，进一步明确了不同体系间安全职责界限。

调度主站主导和执行的　　　　　　　　　　　调度主站端调用
程序化遥控操作　　　　　　　　　　　　　站端后台负责执行和反馈

图1-55　主站调用站端"一键顺控"技术创新点示意一

（2）具备完善的防误校核功能，遥控操作执行更安全（图1-56）。《国家电网公司电力安全工作规程》（以下简称《安规》）规定："现场开始操作前，应先在模拟图（或微机防误装置、微机监控装置）上进行核对性模拟预演，无误后，再进行操作""高压电气设备都应安装完善的防误操作闭锁装置。防误操作闭锁装置不得随意退出运行，停用防误操作闭锁装置应本单位分管生产的行政副职或总工程师批准；短时间退出防误操作闭锁装置时，应经变电站站长或发电厂当班值长批准，并按程序尽快投入"。由此可见，模拟预演和防误闭锁是两项必不可少的技术。但调控中心原先应用的程序化遥控操作中这两项技术还不能完全符合要求，存在运行不稳定、闭锁不可靠等问题。

主站调用站端"一键顺控"技术，具备完善的权限管理、操作任务编辑解析、拓扑防误、操作票调阅、模拟预演、操作执行等功能。支持分步控制和综合控制两种顺序控制模式，能够逐步显示变电站端上送的步骤预演结果以及操作票预演总结果。操作前经过拓扑防误校核和监控告警信息校核，校核通过后方可进行顺序控制操作。有严格的过程管控，当前流程未结束或未通过时，能自动闭锁下一操作流程；操作过程的每一个环节都能够对关键信息进行校验，包括操作对象、操作步骤等信息，当发现调度下令信息与变电站端反馈信息不一致时，能够立即终止操作，并主动提示。

（3）调用站端程序化控制序列，遥控操作开展更快捷。调控中心原先应用的程序化遥控操作技术，操作序列需要监控员手动编制，费时费力，而且容易出现错误，为误操作埋下安全隐患。

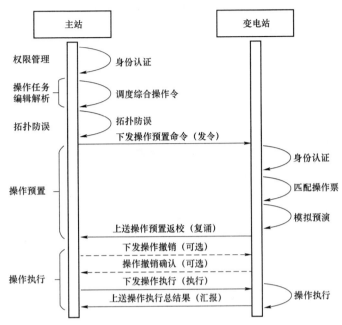

图 1-56 主站调用站端"一键顺控"技术创新点示意二

应用主站调用站端"一键顺控"技术时,能够根据调度综合操作令,通过远程调用站端顺序控制操作票完成操作,数据采集与交换服务器具备接收变电站端顺序控制操作票功能,并能够临时存储,供后续操作处理。调用的操作票内容查看,顺序控制操作票内容格式符合规程要求,能够正确显示变电站端上送的操作票,内容包括操作对象、操作步骤等;调阅变电站端操作票不成功时,能够正确解析上送的错误原因,并主动提示。操作票调阅成功后,可人工发送模拟预演指令。通过调用站端顺序控制操作票,省去了人工编写环节,遥控操作更快捷,如图 1-57 所示。

3. 技术规范

调控主站端顺序控制功能总体技术要求如下:

(1)应遵循一体化的原则,基于现有调控系统基础平台的模型管理、数据采集与交换、人机界面、权限管理等功能模块,实现顺序控制功能;基础平台应满足《智能电网调度控制系统技术规范 第 3 部分:基础平台》(DL/T 1709.3)要求,模型应满足《电网通用模型描述规范》(GB/T 30149)要求,图形应满足

《电力系统图形描述规范》（DL/T 1230）要求，设备命名应满足《电网设备通用模型数据命名规范》（GB/T 33601）。

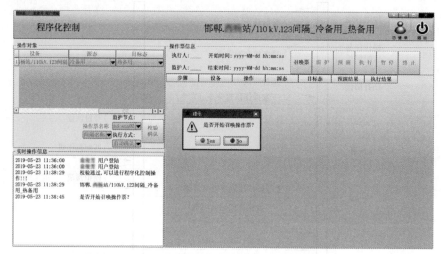

图1-57　主站调用站端"一键顺控"技术创新点示意三

（2）应部署在智能电网调度控制系统中，利用现有的电网模型数据及数据传输通道，通过调用变电站监控系统顺序控制功能模块实现调控机构远方一键顺控。

（3）应支持操作员工作站或通过系统网络延伸的远程终端发起顺控操作，具有规范的操作权限，具备身份认证和数字签名机制，操作过程应有记录。

变电站监控系统顺序控制功能相关要求如下：

（1）应具备一键顺控功能，遵循《电力系统顺序控制技术规范》（DL/T 1708）功能要求。

（2）支持调控主站顺序控制分步控制模式，根据下发的调度综合操作令正确匹配操作票，配合完成顺序控制操作。上传的操作票宜满足主站可见、可确认两个条件。

（3）支持调控主站顺控综合控制模式。调度综合操作指令预置时，经身份认证、匹配操作票、模拟预演等过程验证通过后，返回预置成功，否则返回预置失败及原因；接收到调控主站下发的操作执行指令后，开始顺序控制操作。

（4）支持重复指令的容错处理，在顺控操作过程中，当接收到相同的指令时，如该指令未执行，则开始执行，否则返回执行结果。

（5）在操作过程中出现异常情况无法继续时，应将具体原因上送至调控主站。

（6）支持顺序控制操作票自动查验功能，收到主站查验指令后，按要求返回操作票查验结果。

（7）操作过程中，具备防误闭锁功能，应满足《变电站监控系统防止电气误操作技术规范》（DL/T 1404）的相关要求。

（8）应能全站投入/退出调控中心远方顺序控制功能，应能实现主站顺序控制和单一设备遥控操作的相互闭锁。

（9）应能将监控系统顺序控制功能状态上送至调控主站。

安全防护相关要求如下：

（1）应满足国家发展和改革委员会2014年第14号令所规定的要求；

（2）电力生产现场安全管理应满足《电力安全工作规程 发电厂和变电站电气部分》（GB/T 26860）的有关要求；

（3）在功能安全性和网络安全性方面应满足国能安全〔2015〕36、《调度控制远方操作自动化技术规范》（Q/GDW 11354）、《智能电网调度控制系统 第3-6部分：基础平台系统安全防护》（Q/GDW 1680.36）的有关要求，网络延伸的远程终端同样应满足此要求；

（4）在电力安全生产工作方面应遵循《电力建设安全工作规程 第1部分：火力发电》（DL/T 5009.1）的有关要求；

（5）变电站端设备应满足《无人值守变电站技术导则》（Q/GDW 10231）、《智能变电站一体化监控系统功能规范》（Q/GDW 678）、《智能变电站一体化监控系统建设技术规范》（Q/GDW 679）的相关要求。

数据传输相关要求如下：

（1）支持DL/T 634.5104通信协议扩展规约，利用规约中的扩展报文类型，对顺控流程明确约定及描述，实现调控主站与变电站监控系统间顺序控制信息交互。

（2）宜支持操作票系统和SCADA顺控模块数据交互，符合电力监控系统安全规定。

（3）调控主站与变电站的数据传输应遵循《电力系统调度自动化设计规程》（DL/T 5003），支持《电网设备通用模型数据命名规范》（GB/T 33601—2017）、DL/T 476、DL/T 634.5101、DL/T 634.5104等通信协议；数据通道应安全可靠、冗余配置，网络通道应采用纵向加密方式，应具备控制命令传输的全过程安全认证机制。

（4）可通过《电网设备通用模型数据命名规范》（GB/T 33601—2017）电力系统通用服务协议实现调控主站顺序控制模块与变电站监控系统信息交互。

（三）安全控制措施

（1）技术先行，牵头编制功能规范。参与编制了《智能电网调度控制系统顺序控制功能规范》在国家电网有限公司颁布应用，科学系统地明确了主子站"一键顺控"功能的总体架构、功能要求、界面要求、接口要求以及性能要求，为"一键顺控"工作顺利推进明确了技术路线。

（2）试点先行，周密制定工作方案。快速落实国调中心年度重点任务安排，中心领导亲自布置工作，以工作室为主体成立专项小组，联合运检、安质部门专题研讨，提前落实安全保障措施，细化操作方案，制定详细工作进度，建立定期汇报制度，保障了试点工作安全有序推进。

（3）攻坚克难，解决多项技术难题。及时组织建设部、运检部、施工单位、南瑞继保等召开协调会，就通信规约、传输路径、防误校核、应急防控、操作票定义储存等系列内容进行充分探讨和技术攻关，逐一解决主站调用站端一键顺控技术难题，打破站端监控系统和通信网关机无通路壁垒，确保一键顺控工作顺利开展。

（4）充分测试，确保功能验收无误。利用一键顺控功能完成不同电压等级、各种运行方式下的设备"运行""热备用""冷备用"三种状态间的转换操作，主站和站端调试人员进行反复测试验收，确保操作票调阅、安全校核、模拟预演、操作执行、暂停终止等各项功能正确。

（四）应用成效

该创新技术是公司泛在电力物联网智慧变电站的重要高级功能，应用效果显著。

（1）一是互联互通、功能共享。该功能贯通了调度主站和站端系统多个技术环节，突破调度、运检各自为战现状的全新实践，是实现不同专业之间业务融通的有效举措，是对原有程序化操作技术的全面升级，大幅提升了电网倒闸操作效能和智能水平。

（2）一次投资、多端受益。主站调用站端"一键顺控"功能，是在站端配置"一键顺控"技术的基础上，通过升级部署主站端操作模块、优化调整通信规约、完善变电站监控后台后，即可同时在主站和站端部署实现，投资总额不变，而成效扩大一倍。

（3）本质安全、责任分明。主站调用站端“一键顺控”技术在遥控操作原有安全控制基础上引入了站端五防闭锁，且有效降低了人工填写控制序列安全隐患，安全防误提质升级，同时进一步明确调度和运检安全责任界限。

（4）操作高效、提升显著。采用主站调用站端“一键顺控”功能，调控员在主站即可将现场设备按照指定的设备源态、目标态，一键自动完成防误校核、模拟预演、设备操作及到位判断等全部操作项目，较传统操作用时缩短70%以上。

五、敞开式隔离开关“一键远控”技术

（一）技术背景

敞开式隔离开关遥控技术难点之一是不满足“防误闭锁”技术要求。《安规》规定：“高压电气设备都应安装完善的防误操作闭锁装置。防误操作闭锁装置不得随意退出运行，停用防误操作闭锁装置应本单位分管生产的行政副职或总工程师批准；短时间退出防误操作闭锁装置时，应经变电站站长或发电厂当班值长批准，并按程序尽快投入”，如图1－58所示。

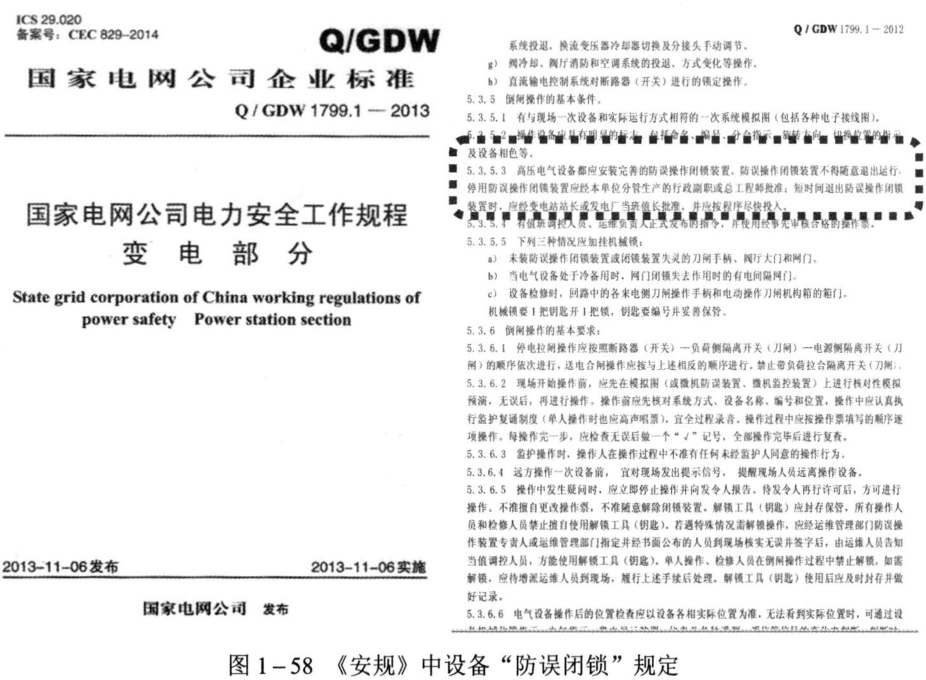
ICS 29.020
备案号：CEC 829-2014

Q/GDW

国家电网公司企业标准

Q/GDW 1799.1 — 2013

国家电网公司电力安全工作规程
变 电 部 分

State grid corporation of China working regulations of power safety　Power station section

2013-11-06发布　　2013-11-06实施

国家电网公司　发布

Q/GDW 1799.1－2012

系统投退，换流变压器冷却器切换及分接头手动调节。

g）阀冷却、阀厅消防和空调系统的投退、方式变化等操作。

h）直流输电控制系统对断路器（开关）进行的锁定操作。

5.3.5　倒闸操作的基本条件。

5.3.5.1　有与现场一次设备和实际运行方式相符的一次系统模拟图（包括各种电子接线图）。

5.3.5.2　操作设备应具有明显的标志，包括命名、编号、分合指示、旋转方向、切换位置的指示及设备相色等。

5.3.5.3　高压电气设备都应安装完善的防误操作闭锁装置。防误操作闭锁装置不得随意退出运行，停用防误操作闭锁装置应经本单位分管生产的行政副职或总工程师批准；短时间退出防误操作闭锁装置时，应经变电站站长或发电厂当班值长批准，并应按程序尽快投入。

5.3.5.4　有值班调控人员、运维负责人正式发布的指令，并使用经事先审核合格的操作票。

5.3.5.5　下列三种情况应加挂机械锁：

a）未装防误操作闭锁装置或闭锁装置失灵的刀闸手柄、阀厅大门和网门。

b）当电气设备处于冷备用时，网门闭锁失去作用时的有电间隔网门。

c）设备检修时，回路中的各来电侧刀闸操作手柄和电动操作刀闸机构箱的箱门。

机械锁要1把钥匙开1把锁，钥匙要编号并妥善保管。

5.3.6　倒闸操作的基本要求：

5.3.6.1　停电拉闸操作应按照断路器（开关）—负荷侧隔离开关（刀闸）—电源侧隔离开关（刀闸）的顺序依次进行，送电合闸操作应按与上述相反的顺序进行。禁止带负荷拉合隔离开关（刀闸）。

5.3.6.2　现场开始操作前，应先在模拟图（或微机防误装置、微机监控装置）上进行核对性模拟预演，无误后，再进行操作。操作前应先核对系统方式、设备名称、编号和位置，操作中应认真执行监护复诵制度（单人操作时也应高声唱票），宜全过程录音。操作过程中应按操作票填写的顺序逐项操作。每操作完一步，应检查无误后做一个“√”记号，全部操作完毕后进行复查。

5.3.6.3　监护操作时，操作人在操作过程中不准有任何未经监护人同意的操作行为。

5.3.6.4　远方操作一次设备前，宜对现场发出提示信号，提醒现场人员远离操作设备。

5.3.6.5　操作中发生疑问时，应立即停止操作并向发令人报告。待发令人再行许可后，方可进行操作。不准擅自更改操作票，不准随意解除闭锁装置。解锁工具（钥匙）应封存保管，所有操作人员和检修人员禁止擅自使用解锁工具（钥匙）。若遇特殊情况需解锁操作，应经运维管理部门防误操作装置专责人或运维管理部门指定并经书面公布的人员到现场核实无误并签字后，由运维人员告知当值调控人员，方能使用解锁工具（钥匙）。单人操作、检修人员在倒闸操作过程中禁止解锁。如需解锁，应待增派运维人员到现场，履行上述手续后处理。解锁工具（钥匙）使用后应及时封存并做好记录。

5.3.6.6　电气设备操作后的位置检查应以设备各相实际位置为准，无法看到实际位置时，可通过设

图1－58　《安规》中设备“防误闭锁”规定

现场运维人员操作敞开式隔离开关时，可利用站端防误装置，能够满足《安规》防误闭锁技术要求，但是调控中心监控员执行敞开式隔离开关远方遥控操作时，是不经站端防误装置闭锁的，是一种完全开放式的操作，防误操作只能依靠人员责任心和安全经验，因此不符合《安规》防误闭锁技术要求。

敞开式隔离开关遥控技术难点之二是不满足"双确认"技术要求。《安规》规定："电气设备操作后，至少应有两个非同样原理或非同源的指示发生对应变化，才能确认该设备已操作到位"，如图1-59所示。

图1-59 《安规》中设备位置"双确认"规定

但通常情况，工业视频系统受摄像头位置、数量、日常维护等工作影响，存在监控死角、画面脏污、控制卡滞等不足，无法满足工作需求。常规情况下，调控中心监控员如果遥控操作敞开式隔离开关后，只能利用D5000系统遥信变位一个条件来判断隔离开关位置，因此不满足"双确认"技术要求，如图1-60所示。

2018年1月份，国家电网公司调综〔2018〕14号文件将"稳步推进停电检修设备冷备用操作，扩大隔离开关远方遥控操作范围"列为国家电网有限公司年度重点工作，如图1-61所示。国网邯郸供电公司裴东锋创新工作室主动对接国网重点工作任务，开展了敞开式隔离开关遥控操作技术系列创新，取得了显著成效。

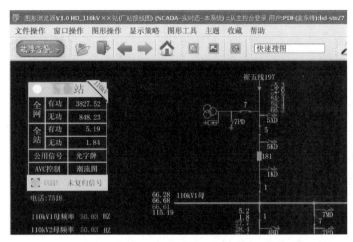

图1-60　D5000系统隔离开关遥信位置截图

国家电网公司部门文件

调综〔2018〕14号

国调中心关于印发国家电网公司
2018年调度控制重点工作任务的通知

各分部，各省（自治区、直辖市）电力公司，南瑞集团、国网新源公司，许继集团、国网运行公司、国网信通公司、中国电科院、国网经研院、国网能源院、联研院、国网高培中心、国网技术学院：
为落实公司2018年安全生产工作会议要求，国调中心组织制定了《国家电网公司2018年调度控制重点工作任务》，现印发执行。
请各单位根据任务分工，抓紧分解细化，形成本单位2018年重点工作计划，推进工作实施，确保各项任务按期保质完成。重点工作任务完成情况是调控机构年度工作评价的重要内容之

电源接入的保护配置和整定计算方法（国调中心，各分部，各省公司）；全面开展低压配电网低频低压减载装置隐患排查及整改工作（国调中心，各省公司）；开展花瓣式、链式等新型配电网接线形式下保护配置及相关技术研究（国调中心，中国电科院，河北、北京、上海、山东公司）。

45. **深化融合调控一体**。稳步推进停电检修设备冷备用操作（浙江、福建、湖北、湖南、宁夏公司）。扩大刀闸远方操作范围（北京、山西、上海、江苏、福建、湖北、吉林、黑龙江、甘肃、河南公司）。扩大程序化遥控操作试点（天津、河北、山西、山东、上海、江苏、浙江、福建、江西、蒙东、甘肃、河南公司）。试点开展调度操作网络化下令（国调中心，天津公司）。研究明确顺控操作调控技术应用建设方案，上半年，编制完成《智能电网调度控制系统顺控功能应用规范》（河北、浙江、福建、湖北、吉林、蒙东公司，南瑞集团）。开展智能电网调度控制系统顺控功能建设，新上智能电网调度控制系统按要求同步部署（各省公司，南瑞集团）。

图1-61　国家电网公司文件截图
注：文件中刀闸即隔离开关。

（二）技术内容

为解决敞开式隔离开关遥控存在的技术难题，创新研发和应用了"B5000主站拓扑五防""站端测控五防""遥视系统升级""智能程序化遥控功能"等四

项举措。

1. 主站拓扑防误技术

"五防"是指在倒闸操作过程中，为了强制性约束操作人员按照规定的逻辑和顺序完成设备状态变更操作，确保操作人员人身安全和设备安全，对高压电气设备应具备的五种防误功能的简称，是电力安全的重要举措之一。"五防"具体内容是防止误拉合断路器、防止带负荷拉合隔离开关、防止带电挂（合）接地线（接地开关）、防止带接地线送电、防止误入带电间隔。

变电站内安装的可供现场操作使用的"五防"装置对远方遥控操作不起作用，也即主站进行远方遥控敞开式隔离开关操作时，是不经站端"五防"装置闭锁的，因此必须研发新的"五防"系统。主站拓扑"五防"是依托 D5000 自动化系统平台，基于实际电网模型和实时数据基础之上对遥控操作进行全过程安全校验、智能控制的软件系统。通过提取根据"五防"要求设置的设备之间的操作闭锁规则，利用电气岛状态和电气设备间的拓扑关系来实现设备操作的"五防"闭锁。该系统不依赖于人工定义，能够自动适应电气设备和电网拓扑结构的变化。具有安全、方便、通用、智能的特点。D5000 系统拓扑"五防"系统结构示意见图 1-62 所示，界面如图 1-63 所示。

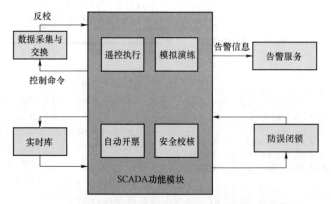

图 1-62　D5000 系统拓扑"五防"系统结构示意

主站拓扑"五防"功能一方面弥补了调控主站遥控隔离开关无防误闭锁的不足；另一方面，与常规的站端"五防"装置，它不仅能够实现同一厂站内设备的防误闭锁，还能够实现不同厂站间设备的防误闭锁，为开展大范围、多厂站的遥控操作提供了技术支持。

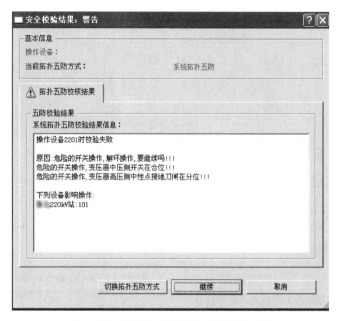

图 1-63　D5000 系统拓扑"五防"界面

2. 站端测控防误技术

站端安装和使用的传统"五防"装置只能在运维人员现场操作时发挥防误闭锁作用，调控中心实施远方遥控操作时，遥控指令是不经"五防"装置约束就可以直接下发到测控装置执行遥控命令的。研发和应用主站拓扑"五防"功能后，遥控指令可经主站验证无误后才能下发，并且，在下发到站端后，与实际操作设备是否相符仍需采取技术措施加以验证。

变电站测控装置防误闭锁功能可以实现与本装置相对应的电气设备开关、隔离开关设备之间的防误闭锁关系。在执行远方遥控时，主站下发的遥控指令可以自动调取站端测控"五防"功能，完成安全校核、操作执行和结果反馈。装设该功能时，只需要分间隔对测控装置进行软件技术升级即可实现，不需变动测控装置硬件设施。

通过综合应用 D5000 主站拓扑"五防"和站端测控"五防"技术，能够同时满足不同厂站间和同一厂站间设备操作过程中的防误闭锁，保证在运行与冷备用状态间的安全转换，实现敞开式隔离开关遥控由无闭锁到完全满足安全防误要求的转变，彻底杜绝了带负荷遥控隔离开关的风险。

3. 遥视系统技术升级

《安规》规定："电气设备操作后，至少应有两个非同样原理或非同源的指示发生对应变化，才能确认该设备已操作到位"。原有的工业视频系统功能不满足遥控操作需求（已在前文"提出背景"处加以阐述），因此要满足"双确认"技术要求，必须在 D5000 系统遥信变位的基础上再增加一个判据。

经实际调研，采用无线压力传感技术来满足"双确认"技术要求，存在以下不足：一是高压设备安装压力传感器时需要停电转检修，周期长、工作量大。二是无线传感器工作稳定性差，故障率高。三是无线技术不符合电力安全防护要求，属禁止技术。国家发改委第 14 号令《电力监控系统安全防护规定》"第十三条　生产控制大区中除安全接入区外，应当禁止选用具有无线通信功能的设备"，如图 1-64 所示。

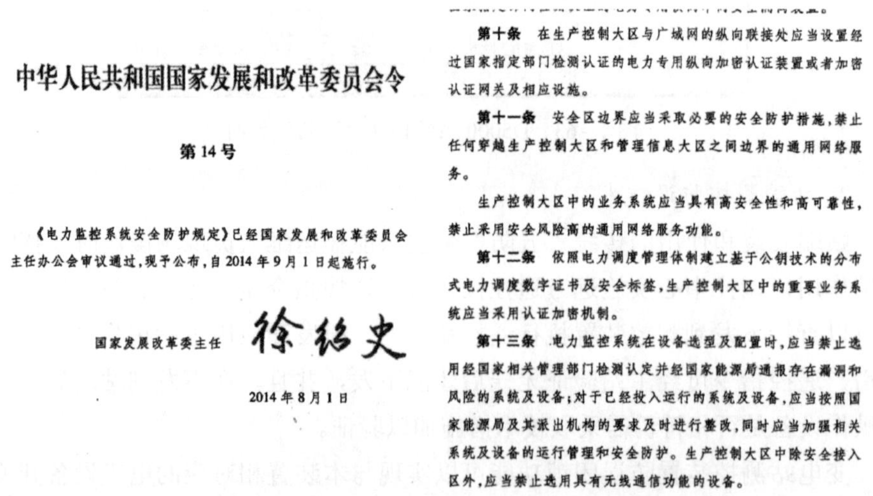

中华人民共和国国家发展和改革委员会令

第 14 号

《电力监控系统安全防护规定》已经国家发展和改革委员会主任办公会审议通过，现予公布，自 2014 年 9 月 1 日起施行。

国家发展改革委主任　徐绍史

2014 年 8 月 1 日

第十条　在生产控制大区与广域网的纵向联接处应当设置经过国家指定部门检测认证的电力专用纵向加密认证装置或者加密认证网关及相应设施。

第十一条　安全区边界应当采取必要的安全防护措施，禁止任何穿越生产控制大区和管理信息大区之间边界的通用网络服务。

生产控制大区中的业务系统应当具有高安全性和高可靠性，禁止采用安全风险高的通用网络服务功能。

第十二条　依照电力调度管理体制建立基于公钥技术的分布式电力调度数字证书及安全标签，生产控制大区中的重要业务系统应当采用认证加密机制。

第十三条　电力监控系统在设备选型及配置时，应当禁止选用经国家相关管理部门检测认定并经国家能源局通报存在漏洞和风险的系统及设备；对于已经投入运行的系统及设备，应当按照国家能源局及其派出机构的要求及时进行整改，同时应当加强相关系统及设备的运行管理和安全防护。生产控制大区中除安全接入区外，应当禁止选用具有无线通信功能的设备。

图 1-64　国家发改委第 14 号令相关内容截图

经过充分调研和科学分析，我们决定采用"遥视系统技术升级"的方式，提升遥视系统功能，满足"双确认"判据。一是在变电站安装足够数量的红外高清摄像头保证对各间隔设备位置实现全覆盖。每一摄像头均带灯光控制功能，以保证夜间能够发挥遥视功能，并且还带有远程控制清擦摄像头功能，以保持镜头清洁，画面清晰。二是对主站遥视系统进行软件技术升级，以实现对隔离开关位置监测的无死角、全覆盖，如图 1-65 所示。

图 1-65 利用遥视系统确认隔离开关位置示意

遥视系统进行技术升级后应用效果良好，且站端安装摄像头、主站进行系统升级均无需设备停电、施工周期短、见效快。存在的缺点是站端安装红外高清摄像头造价较高，对网络传输、运行维护工作也都有较高要求。针对存在的缺点，可采取两方面举措加以解决：

（1）不断增加和丰富遥视系统功能，包括遥控监视、远程巡视、运维监视、作业监视、安防监测、消防监测、环境监测、车辆识别等功能模块，能够有效地满足调控、运维、安监等不同部门和专业人员的使用需求，实现遥视系统功能最大化。

（2）目前正在研发符合电力安全防护要求的隔离开关触头压力传感器、隔离开关传动机构柱塞型行程开关、新一代智能巡检机器人等技术，条件成熟可以加以推广应用。

4. D5000 系统智能程序化遥控技术

D5000 系统智能程序化遥控技术是基于电网接线模型分析和规则框架自定义，与 D5000 系统支撑平台一体化设计，完全共享实时 SCADA 模型及数据库的一项遥控操作新技术，具备严格的系统拓扑"五防"校验机制以及完善的权限管理机制，可以将需要连续操作的多个设备按照一定的逻辑关系列入同一个操作任务，实现一条遥控指令自动智能控制多台设备，无需人工重复输入口令。

该技术可以实现程序遥控操作项目的自动生成、安全审核、监护执行、实时监控，操作速度快捷，操作过程可靠，操作结果正确。与传统遥控操作模式相比，具有提高电网倒闸操作效率、降低企业人力物力成本、提升电网安全控制水平等诸多优势，具体阐述如下：

（1）监控操作票系统智能化生成遥控操作项目功能。

监控操作系统能够根据一项调度综合指令，自动解析生成符合倒闸操作逻辑关系、步骤和内容正确的顺序遥控操作项目，无需再由人工逐项手动输入生成操作项目。

例如，调度员通过调度指令票系统下达一项综合操作命令"××站双东线152 开关由冷备用转运行"，则监控操作票系统即可自动识别和解析该命令，并自动快捷的生成相应的操作项目，如图 1-66 所示。

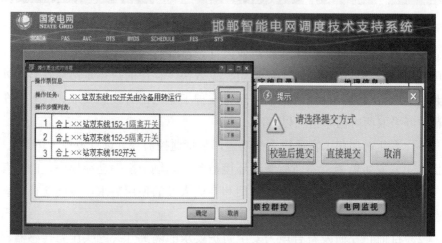

图 1-66 监控操作票系统智能化生成遥控操作项目截图

操作项目生成后，可由人工对具体操作项目内容进行手动修改。填写（或修改）完善的监控操作票可自动上传至 D5000 系统，在 D5000 系统生成遥控执行项目。

（2）D5000 系统智能化程序遥控操作功能。

1）D5000 系统能够正确接收、识别和显示监控操作票系统发送的程序遥控操作任务和具体操作项目，并自动弹出窗口显示接收结果正确与否。接收成功后再经监控员人工确认后，可手动关闭信息窗口；显示的程序操作任务票面格式规范、内容正确，包括项目序号、操作任务、操作内容、操作结果等，字体型号、大小合适，操作界面友好、直观。另外，D5000系统能够同时接收监控操作票传送的多项程序遥控操作任务，并按接收时间先后自动排序显示。

2）启动智能程序化控制序列后，能够将该序列自动发送至另一台D5000终端机请求监护。监护通过后，操作人确认操作后可以启动该程序操作任务。

3）开始操作后，系统能够正确完成模拟预演安全校核、拓扑"五防"安全校核并自动实时显示校核结果。在执行安全校核时，具备自动连续校核和手动分步校核两种模式。

4）D5000系统智能化程序遥控操作功能具备"单步"和"连续"两种操作模式，可根据需要自行灵活选择应用。选择"单步"执行方式时，执行过程中每执行完一步就自动弹出窗口询问是否执行下一步，继续执行下一步时可一键实现，无需监护人监护和输入口令；选择"连续"执行方式时，正常情况下，全部操作步骤自动连续执行，中间无需人工干预，程序全部操作完毕后，自动弹出窗口提示操作结果正确，执行完毕，人工确认后关闭该窗口。遥控过程中，某一步骤执行不到位时，整个程序应自动中止，并自动弹出信息窗口说明原因。人工确认中止原因并排除故障因素后，可以自行选择是否继续执行该程序操作任务。若选择继续执行该任务时，同样可向另一台D5000终端机发送请求监护。监护通过后，经操作人确认后方可继续执行该程序操作任务。每执行完一步，操作序列表中应能实时正确显示操作结果，设备当前状态。已执行完毕的程序操作任务应能够自动归档至历史任务票中，不应再在当前任务票中显示。

整个遥控操作过程中，程序遥控操作界面能够显示全部执行步骤，包括执行进度及相应设备的变位情况，表现形式包括图形展示、报文展示等。执行过程中，操作人员可以进行人工干预，如紧急停止中断操作等功能。

（三）主要创新点

（1）综合应用主站拓扑"五防"和站端测控"五防"，全面满足敞开式隔离开关遥控安全防误技术要求。创新研发调度主站拓扑"五防"功能，实现了不同厂站间设备运行与热备用状态间转换，保障开关遥控按照预定顺序执行，可有效防止误遥控风险，为开展大范围、多厂站的遥控操作提供了技术支持；创新研发站端测控装置"五防"功能，可由遥控指令自动调度站端测控"五防"功能，实现同一厂站设备在热备用与冷备用状态间转换，保障断路器与隔离开关、母线侧隔离开关与线路侧隔离开关遥控按照逻辑顺序执行，有效杜绝带负荷拉合隔离开关风险。创新前后隔离开关遥控路径示意见图1-67。

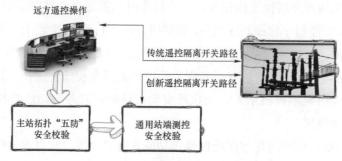

图1-67　创新前后隔离开关遥控路径示意

（2）创新实施多项技术措施。全面满足敞开式隔离开关遥控结果"双确认"技术。前期通过安装适当数量的红外高清摄像头和对主站遥视系统进行功能升级，实现了隔离开关位置监测的无死角、全覆盖，满足了隔离开关遥控操作非同源"双确认"的技术条件。后期正在研发敞开式隔离开关触头加装压力传感器、隔离开关传动机构加装柱塞型行程开关、新一代智能巡检机器人等技术，全面满足隔离开关位置非同源"双确认"判据。创新后隔离开关位置实现"双确认"示意见图1-68。

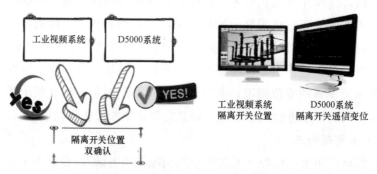

图1-68　创新后隔离开关位置实现"双确认"示意

（3）创新研发智能程序化遥控技术，实现安全高效地开展敞开式隔离开关遥控。贯通调度指令票、遥控操作票和D5000系统，将调度指令解析为技术支持系统可识别和执行的程序，实现程序自动生成和智能安全校核，一次启动，即可完成多台开关和隔离开关远方操作，最大限度地减少了调度员、监控员、现场运维人员三者之间业务联系次数，在尽量压缩业务联系耗时的基础上，将调度员误下令、监控员误遥控、现场误操作风险降到最低。"一键远控"多台设备示意见图1-69。

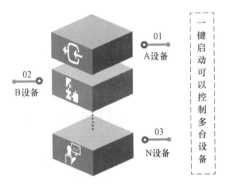

图1-69　"一键远控"多台设备示意

（四）安全控制措施

（1）试点先行，周密制定工作方案。快速落实国调中心年度重点任务安排，认真领会深化融合调控一体精髓，研究决定利用邯郸公司220kV大馆线春季检修停电契机，"一停多用、省地协同"试点开展"调度端程序化遥控AIS隔离开关操作"。主管生产领导亲自布置工作，由省调牵头成立专项小组，联合运检、安质部门及邯郸公司专题研讨，派遣技术骨干赴福建公司汲取先进经验，提前落实安全保障措施，细化操作方案，特别对AIS隔离开关遥控操作"双确认"技术条件和防误功能进行了专门试验和完善，保障了试点工作安全有序开展。

（2）科学应用防误功能，确保遥控操作安全可靠。一是应用调度主站拓扑"五防"功能，实现不同厂站间设备运行与热备用状态间转换，保障开关遥控按照预定顺序执行，可有效防止误拉合开关风险；二是采用站端测控装置"五防"功能，实现同一厂站设备在热备用与冷备用状态间转换，保障开关与隔离开关、母线侧隔离开关与线路侧隔离开关遥控按照逻辑顺序执行，有效杜绝带负荷拉合隔离开关风险；三是利用停电机会升级站端测控装置具备"一键顺控"功能，改革了前期由调度主站端完全主导和执行的智能程序化遥控操作，改由主站端部署调用功能，厂站后台负责安全校核、执行和反馈，进一步明确体系间安全职责界限。

（3）强化遥控技术创新，提升电网控制效能。河北省调贯通调度指令票、遥控操作票和D5000系统，将调度指令解析为技术支持系统可识别和执行的程序，实现程序自动生成和智能安全校核，一次启动，即可完成多台开关和隔离开关远方操作，最大限度地减少了调度员、监控员、现场运维人员三者之间业务联系次数，在尽量压缩业务联系耗时的基础上，将调度员误下令、监控员误遥控、现场运维人员误操作风险降到最低。

（五）应用成效

敞开式隔离开关"一键远控"技术基于全电网集中监控模式研发，可实现多厂站、大范围、远距离的控制操作，相对于单站顺控模式，其应用效果更佳、效益更优。2018年4月9日，通过应用系列创新技术，安全高效地完成了邯郸电网220kV大馆线停送电遥控操作，使得邯郸公司成为国网系统首次完成敞开式隔离开关程序化遥控操作的单位。

以220kV大馆线由运行转冷备用为例，电网一次接线如图1-70所示。应用该技术，可将两座变电站的2台断路器、4台敞开式隔离开关列入一个操作序列，调度一次下令、监控一键启动即可全部完成，取得成效如下：

（1）效率大幅提升。操作用时3min，仅为传统模式的十分之一，调度联系对象由3个减少为1个，业务联系次数由8次减少为2次。

（2）效益十分显著。无需依赖运维人员到站，操作人员由6人减少为2人，减少行车里程316km，整体检修工时缩短2h，增加了供电时长。

（3）安全可靠保障。杜绝了运维人员行车风险和现场带电操作隔离开关风险，保证了人身安全。智能程序化技术、拓扑"五防"和测控"五防"技术杜绝了监控员带负荷遥控拉合隔离开关的风险。

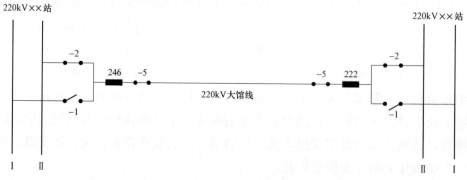

图1-70 220kV大馆线电网接线示意

六、变压器中性点隔离开关远程综合控制技术

（一）技术背景

规程规定"投、停110kV及以上变压器时，应先将中性点接地，然后再投

停变压器"，同时还规定"电动机构隔离开关操作完毕后，应断开隔离开关的电机电源"，因此在正常情况下，变压器中性点隔离开关的电机电源在断开位置不具备远方遥控操作条件。在进行变压器停送电操作时，需要运维人员到站就地操作的方式完成，无法发挥遥控操作优势。特别在事故紧急处置时，需要等待运维人员到站后才能进行隔离故障、恢复送电操作，会造成事故处理工作贻误，致使设备严重损坏或无法快速恢复供电。

例如，某日 8:37，自动化系统告警显示220kV A 站 188 保护装置异常信号动作。电网一次接线如图 1–71 所示。220kV A 站为运维驻地站，现场人员检查后向调度汇报：188 线路抽压电压互感器冒烟，需紧急处理。09:00，由于 110kV C 站为无人值班站，调控中心决定通过遥控操作将 C 站 1 号主变压器由运行转热备用，但在执行该遥控操作任务时，该站 111–9 隔离开关合不上，遥控操作终止。核实原因为 111–9 隔离开关电机电源在断开位置，随即通知运维人员到站操作。09:32，运维人员到站后，投入 111–9 隔离开关电机电源，完成主变压器停电操作。该起案例中，由于变压器中性点隔离开关电机电源在断开位置，变压器不具备遥控操作技术条件，导致电网应急处置工作用时延长一倍以上。

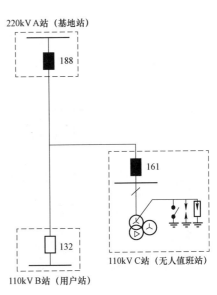

图 1–71 110kV 崇元线电网接线示意

（二）技术内容

1. 功能概述

针对上述问题，国网邯郸供电公司研发了变压器中性点隔离开关远程综合控制技术，通过创新应用"遥控回路双节点控制""遥视系统同步关联控制""遥控操作异常紧急停止""照明告警设施同步启动"等先进技术，确保变压器中性点隔离开关能够动作可靠、监测到位，实现隔离开关的远程控制。应用该技术后，需要进行变压器遥控停送电操作时，监控员首先远方投入中性点隔离开关的电机电源，再遥控合上中性点隔离开关后，便可以操作变压器停送电。操作完成后，再进行远方断开该中性点隔离开关电机电源。

（1）遥控回路双节点控制。在主站 D5000 自动化系统中增加隔离开关电机电源开关遥控功能，在受控变电站装设控制终端与隔离开关电机电源回路、交换机、远动机相连接。执行电机电源遥控投退操作时，监控员在 D5000 自动化系统发出遥控指令，该指令经过主站端的前置机、路由器、调度数据网，送至站端控制终端来控制继电器的通、断，进而控制隔离开关电机电源的通、断，从而实现了远方投退隔离开关电机电源，形成了隔离开关遥控与电机电源遥控的"双节点"控制。对于隔离开关电机电源控制监测，主站系统采取"图形变位"和"光字信息"双确认方式，确保电机电源操作到位。站端变压器端子排接线图、主站 D5000 系统厂站画面截图分别如图 1-72、图 1-73 所示。

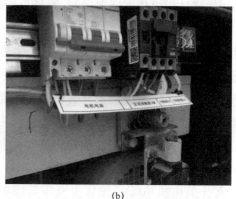

(a)   (b)

图 1-72　站端变压器端子排接线图

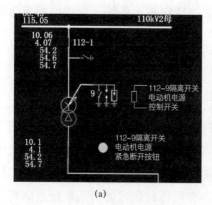
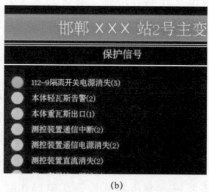

(a)   (b)

图 1-73　主站 D5000 系统厂站画面截图

（2）将 D5000 自动化系统与遥视系统进行关联同步。当 D5000 系统下发隔离开关遥控操作指令时，遥视系统能够同步接收到相应的指令，并自动将相关设备的遥视画面推至最上层显示。遥视系统画面截图见图 1-74。

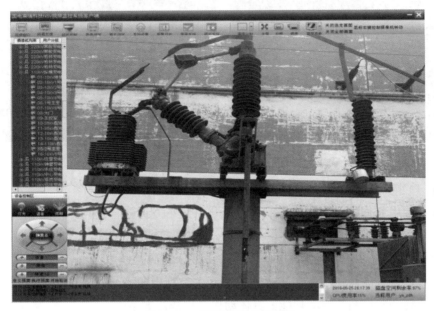

图 1-74　遥视系统画面截图

（3）在 D5000 自动化系统中增加"隔离开关电动机过流过时报警"信号，若电机过流、超时，则该信号动作。遥控操作过程中，一旦发出"隔离开关电机过流过时报警"信号，通过点击紧急断开按钮，可以远程切断隔离开关电动机电源，并且此过程中无需输入用户名和密码，使隔离开关电动机快速停电防止烧损。主站隔离开关电动机紧急切断及过流、过时报警信号截图如图 1-75 所示。

（4）《安规》5.3.6.4 中规定："远方操作一次设备前，宜对现场发出提示，提醒现场人员远离操作设备"。在隔离开关遥控回路并接了照明设施和语音告警设施，遥控操作时，现场灯光、音响设施同步启动，一方面可以提示人员远离操作设备，另一方面保证夜间遥视画面的正常显示。

2. 隔离开关综合控制原理说明

下面结合原理图，对变压器中性点隔离开关综合控制原理进行详细说明，原理图如图 1-76 所示。

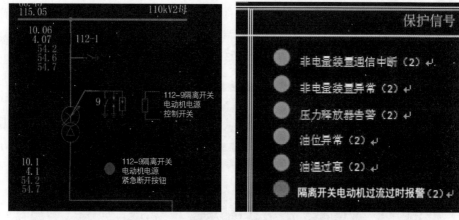

图 1-75 主站隔离开关电动机紧急切断及过流、过时报警信号截图

（1）隔离开关操作控制电源遥控回路。

调控中心调控员在主站端利用自动化系统下发遥控合闸指令，站端接收到该指令后，将现场的远方控制电源继电器 KYM 接通，继电器 KYM 得电后，其动合触点闭合。在图 1-76 中的原理图中利用了远方控制电源继电器 KYM 的动合触点，分别实现了变压器中性点隔离开关控制电源接通、操作声光提示信号接通、视频监控系统启动功能。具体动作过程描述如下：

站端设备接收到调控中心远方遥控指令后，继电器 KYM 接通，其中一组动合触点闭合，此时现场变压器中性点隔离开关控制电源接通。

与此同时，继电器 KYM 的另外两组动合触点闭合，分别接通声光提示信号回路和启动视频监控系统。隔离开关控制电源断开过程，与此相反。

（2）隔离开关合、分闸遥控操作回路。

需要进行遥控合闸操作时，变压器中性点隔离开关的远方控制电源继电器 KYM 远方遥控接通后，调控中心通过下发遥控指令将现场的遥控合闸继电器 KCH 接通，该继电器 KCH 得电后动合触点闭合，接通隔离开关合闸回路，合闸接触器 KM1 得电，实现合闸回路的自保持，隔离开关开始进行合闸。隔离开关操作到位后，限位开关 SP1 自动断开，切断遥控合闸回路，完成隔离开关的远方合闸操作。

需要进行遥控分闸操作时，现场的变压器中性点隔离开关的远方控制电源继电器 KYM 远方遥控接通后，调控中心通过下发遥控指令将现场的遥控分闸继电器 KCF 接通，继电器 KCF 得电后动合触点闭合，接通隔离开关分闸回路，分闸接触器 KM2 得电，实现分闸回路的自保持，隔离开关开始进行分闸。隔离开关操作到位后，限位开关 SP2 自动断开，切断遥控分闸回路，完成隔离开关的远方分闸操作。

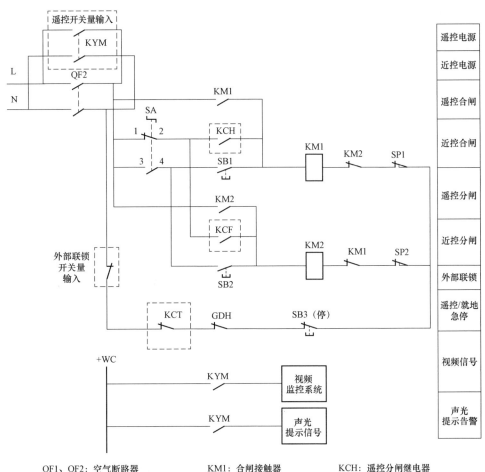

QF1、QF2：空气断路器　　　　　KM1：合闸接触器　　　　　KCH：遥控分闸继电器
KYM：远方控制电源继电器　　　KM2：分闸接触器　　　　　KCF：遥控合闸继电器
SA：转换开关　　　　　　　　　SB1：合闸按钮　　　　　　SB2：分闸按钮
SP2：限位开关　　　　　　　　　KCT：遥控急停继电器　　　SB3：停止按钮SP1
　　　　　　　　　　　　　　　　　　　　　　　　　　　　　GDH：电动机保护动作开关量输入

图 1-76　变压器中性点隔离开关远程综合控制原理图

变压器中性点隔离开关遥控合闸或分闸操作完毕后，再由调控中心调控员在主站端遥控断开隔离开关的远方控制电源继电器 KYM 的电源。

（3）隔离开关遥控急停回路。

隔离开关的远方控制电源继电器 KYM 接通后，调控中心调控员在远方分合闸操作过程中，一旦通过视频监控系统发现隔离开关在分合闸过程中出现异常时，立即通过远方启动隔离开关遥控急停继电器 KCT，其得电后动断触点打开，切断隔离开关的控制回路，完成隔离开关分合闸的远方紧急闭锁。

（4）声光提示信号回路。

为了使现场人员远离操作设备，并考虑到夜间操作隔离开关视频系统辅助照明的需要，当调控中心在远方将隔离开关控制电源接通后，即开始操作隔离开关时，远方控制电源继电器 KYM 的动合触点闭合，正电+WC 在动合触点闭合后接通声光提示回路，完成隔离开关远方操作的声光告警功能。

（5）视频监控系统启动回路。

为了更好地完成隔离开关的分合闸操作、确定隔离开关操作是否到位、及时发现隔离开关分合闸过程中的异常问题，隔离开关远方控制电源接通后，远方控制电源继电器 KYM 的动合触点闭合，正电+WC 在动合触点闭合后接通视频监控系统启动回路，完成视频监控系统的启动功能。

第三节　调度控制操作工作典型案例解读分析

》 典型案例：监控员错误受令，导致误操作

1. 案例内容

某供电公司 110kV 变电站 1 一次接线方式如图 1−77 所示。1 号主变压器的 011 开关供 10kV 1 号母线带 031、033、034、035、036、037、038、039、040、041、042、01 开关运行，经母联 001 供 10kV 4 号母线带 046 开关运行。

某日 11:25，自动化系统发告警信息，显示该站 10kV 1 号、4 号母线 C 相实接地。值班监控员商某立即将有关情况电话汇报配网值班调度员孙某。11:28，配网值班调度员孙某电话询问："能否遥控分开 001 开关"，值班监控员商某答复说"10kV 母联属于地调管辖设备，操作前需申请地调同意；另外，10kV 1 号母线上就只有 046 一路开关，没必要分母联"。电话业务联系期间，商某一边接电话，一边无意识地在个人值班记录本上写下"046"字样。11:32，配网值班调

度员孙某电话下令："拉开××站的 034、041、042 开关"。值班监控员商某在接听电话的同时，在个人值班记录本写下"034、041、042"，由于在下令后双方未核对下令内容，且原先记录的"046"与新下令记录的"034、041、042"写在了一处，商某便误认为是逐路试拉开××站的 046、034、041、042 开关。11:36，值班监控员商某监护另一值班监控员季某远方遥控拉开了××站 046 开关后，检查母线接地信号未消失，随即将××站 046 开关恢复运行。11:38，恢复××站 046 开关运行后，值班监控员商某方才意识到配网值班调度员可能没有下令试拉××站 046 开关，商某随即向配网值班调度员汇报："刚才试拉了一下 046 开关，接地信号不消失，可能试拉错开关了"。之后，商某将上述有关情况汇报值长。

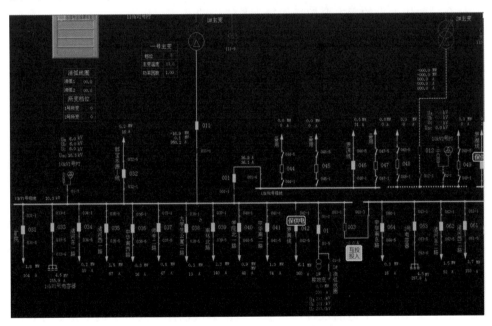

图 1-77　110kV 变电站 1 一次接线图

2. 原因分析

总结分析该案例，可以发现存在以下几项不足之处：

（1）未第一时间将有关情况汇报值长。发生小电流系统单相接地后，值班监控员未第一时间汇报值长，而自行与配网值班调度员汇报处理，缺少了值长的安全管控。

77

（2）未严格使用设备三重编号。整个汇报处理过程中，值班监控员和配网值班调度员均未严格使用设备三重编号，即站名、设备名称和设备编号，为值班监控员误控运行设备埋下隐患。

（3）处理过程中记录填写随意。值班监控员将配网值班调度员下达的调度指令随意地填写在个人值班记录本上，而未按要求填写在调度指令记录中，直接造成监控员误判断、误控运行设备。

（4）接受调度指令无人监护致使安全把控缺失。

本案例中，值班监控员接受调度指令时，由商某一人完成，无人审核把关。因此，调度指令正确与否，完全系于一人，一旦接收调度指令人员犯错误受令，必然会导致接下来的远方遥控操作行为是错误的。

3. 管控措施

上述案例，只是监控员在小电流接地系统单相接地处理工作中发生的一起具有典型意义的误控运行开关事件，随着大运行体系的全面深入建设，调控中心监控员承担的岗位职责日益增多，遥控操作也相应地日益频繁，成为监控员日常工作中一项十分重要而又经常开展的作业项目。另一方面伴随着遥控操作的增多，发生无遥控操作的概率也在不断加大，有鉴于此，对于监控正常工作期间的遥控操作，要想防止误控运行设备，应当至少以下几项防范措施：

（1）无论何种原因，工作期间需要进行远方遥控操作时，当值各岗位人员一定要做好沟通汇报和安全把控工作，确保遥控操作的每一环节均有人监护、有人把关，绝对避免单人工作。

（2）采取受令监听制度。装设具有录音和监听功能的电话，在接受各级调度指令时，一名值班监控员负责接受、复诵调度指令，另一名值班监控员负责监听整个调度指令下达的过程，从而有效地解决以往单人接受调度指令存在的安全隐患。

（3）调控业务联系时必须严格使用设备三重编号。实施大运行管理模式后，一套自动化系统要接入上百座或几百座变电站，因此为了防止远方遥控操作时误选择设备而造成误遥控操作，下达调度指令时，双方必须汇报清楚单位和姓名，严格使用设备三重名称。若调度指令术语不规范，任何一方有权拒绝接受和执行该项指令。

（4）切实做好遥控操作前的安全审核把关工作。对于需要填用遥控操作票的遥控操作，开始遥控操作前，必须严格逐级落实遥控操作票审核工作，经各级人员审核无误，签字确认、手续完备后方可开始进行遥控操作。对于无需填用遥控操作票的遥控操作，必须经在值内各级人员沟通汇报一致，共同核实调度指令记录内容无误，遥控操作目的和项目明确后方可开始进行遥控操作。

（5）加强遥控操作的全过程管控和操作结果检查确认。遥控操作前，操作人和监护人应共同核实调度指令及相关记录无误后再进行操作。遥控操作时，必须严格执行监护复诵制和使用录音机进行录音。每遥控操作一项，应逐项检查设备变位情况，电流、功率指示情况，母线电压、线路抽压、电压互感器电压指示情况，监控报文和光字牌指示情况，相关设备负荷情况等，且所有指示均已同时发生对应变化后，才能确认该设备已操作到位。具备条件时，还应利用遥视系统对设备实际位置进行检查。每执行完一项遥控操作，在检查、核实遥控操作结果无误后，方可进行下一项遥控操作。全部遥控操作完毕后应对所操作的所有设备进行一次全面详细的检查。若现场有运维人员，遥控操作人员应及时与现场运维人员联系，核实清楚设备实际状态，无疑问后方可向调度回复指令。

第二章

电网运行监视

第一节 电网运行监视概述

在国家大力发展智能电网的进程中，许多新技术、新设备应用于电网建设中，电网的运行和技术管理发生了深刻的变化，特别是随着变电站综合自动化技术的不断发展，变电站由传统的有人值班改为无人值班，实行集中监控的运行模式。所谓变电站集中监控是指以提高变电站一次、二次设备可靠性和综合自动化为前提，并借助微机远动技术，对一定区域内的变电站实现远方监控，由远方监控员取代变电站现场值班员实施对变电站设备运行的有效控制和管理。电网运行监视是调控中心监控员核心业务之一，其质量高低直接关系到电网能否安全稳定运行。随着国家电网"三型两网、世界一流"战略的深入推进，对电网运行监视工作提出了更高、更智能的要求，依托泛在电力物联网建设，推进"事件化"监视技术研究，建立面向时间的信息监视新技术，优化监控运行承载力，降低海量监控数据爆炸式增长带来的漏监风险，全面提升监视运行效能已成为必然趋势。

一、电网运行监视工作特点

电网集中监控模式下，变电站实行无人值班模式，取而代之的是由调控中心监控员利用 D5000、OPEN3000 等自动化系统，完成管辖范围内所有变电站的运行监视。由于受到诸多因素制约，监控员在实际开展运行监视工作过程中，可能会发生监控信号遗漏、发现晚、未处置、误判断等情况，具体分析如下：

（1）电网规模持续扩大，新型技术应用广泛，电网运行监视难度加大。随着坚强智能电网的深入发展，一方面，电网加速建设和新设备不断投运，使得电网规模持续扩大，接入调度自动化系统须由监控员集中建设的变电站数量与日俱增，监控范围、设备数量、信息条数均大幅增加。另一方面，随着越来越多的光伏、风力等新能源发电机组并网发电和智能变电站的基建投运，电气设备技术先进、电网运行特性复杂成为显著特征。上述因素直接造成监控信息数量增加，运行监视工作难度加大。

（2）监控信息"海量告警"，严重影响电网运行监视工作质量。在实际集中监控工作中，管辖范围内几十个乃至几百个变电站信号全部接入一套系统供监控人员监视。由于受到恶劣天气、设备缺陷、故障异常等诸多因素影响，会出现大量监控告警信息集中涌入的情况，造成自动化系统告警窗出现报文刷屏和语音重复播报的情况，我们把它称之为"海量告警"。这种情况势必对监屏质量产生巨大影响，导致事故或异常信息的分析判断延误，甚至造成监控信号遗漏的情况，可能将异常转化为事故、将事故扩大化、将停送电的时间延长。

（3）监控员工作精力有限，工作中难免犯错。电网运行监视工作须要 24h 不间断开展，对监控人员业务素质和责任心有很高的要求。没有高业务素质，就不能准确判断和正确处置监控信号。没有极强的责任心，就不能及时发现事故异常信号，就可能会造成监控信号的遗漏。监控人员需要具备"眼观六路、耳听八方"的能力，在工作中时刻保持高度的敏锐性、专注度和持久力，但由于生理特性的原因，监控员可能会出现思想麻痹、精力不足、情绪低落的情况，极易发生监视不到位的现象。

二、电网运行监视管理规定

为规范调控一体化运行管理工作，提高设备集中监视水平，实现设备集中监视管理的标准化，《国家电网公司调控机构设备集中监视管理规定》〔国网（调/4）222—2014〕要求如下：

（1）调控中心负责监控范围内变电站设备监控信息、输变电设备状态在线监测告警信息的集中监视。具体包括：

1）负责通过监控系统监视变电站运行工况；

2）负责监视变电站设备事故、异常、越限及变位信息；

3）负责监视输变电设备状态在线监测系统告警信号；

4）负责监视变电站消防、安防系统告警总信号；

5）负责通过工业视频系统开展变电站场景辅助巡视。

（2）全面监视是指监控员对所有监控变电站进行全面的巡视检查，330kV及以上变电站每值至少两次，330kV以下变电站每值至少一次。

（3）全面监视内容包括：

1）检查监控系统遥信、遥测数据是否刷新；

2）检查变电站一次、二次设备，站用电等设备运行工况；

3）核对监控系统检修置牌情况；

4）核对监控系统信息封锁情况；

5）检查输变电设备状态在线监测系统和监控辅助系统（视频监控等）运行情况；

6）检查变电站监控系统远程浏览功能情况；

7）检查监控系统 GPS 时钟运行情况；

8）核对未复归、未确认监控信号及其他异常信号。

（4）正常监视要求监控员在值班期间不得遗漏监控信息，并对监控信息及时确认。

（5）遇有下列情况，应对变电站相关区域或设备开展特殊监视：

1）设备有严重或危急缺陷，需加强监视时；

2）新设备试运行期间；

3）设备重载或接近稳定限额运行时；

4）遇特殊恶劣天气时；

5）重点时期及有重要保电任务时；

6）电网处于特殊运行方式时；

7）其他有特殊监视要求时。

（6）监控员应及时将全面监视和特殊监视范围、时间、监视人员和监视情况记入运行日志和相关记录。

三、电网运行常用监视系统

值班监控员需要对变电站设备事故、异常、越限、变位信息进行 24h 不间断监视，不得遗漏监控信息，应对监控信息及时进行人工确认操作，开展上述工作，需要监视和浏览告警窗、厂站画面。国内常用的监视系统有 D5000、

OPEN3000 等。下面以 D5000 系统为例，介绍一下系统常用的模块及操作。

（一）画面调出

若总控台处于极小化状态，可左键单击极小化图标展开总控台。左键单击其中的"画面显示"选项，即可打开系统首页——左键单击系统首页中的"SCADA"——左键单击"厂站接线"，打开"一次接线图目录"页面，在该页面选择相关厂站图标，即可打开该站的一次接线图。

左键单击其中总控台中的"告警窗"选项，即可打开综合智能告警界面，即监控告警窗。

（二）监控告警窗

告警窗是监控员实时监视的主要工具，变电站设备事故、异常、越限、变位等告警信息均通过告警窗进行实时分页分类显示。监控员通过实时监视告警窗报文信息，及时发现并核实变电站设备的告警信号，并予以处置。

1. 告警窗基本功能

（1）告警窗的信号展示遵循监控告警分级规范，分页显示"全部信息、事故、异常、越限、变位、告知、工况信息、AVC 告警"等信号，分页的显示内容可进行个性化配置；

（2）告警窗可分上、下两栏进行监控告警信息展示，其中上栏显示处于动作状态未复归的告警信息，下栏显示按时间顺序发生的全部告警信息；

（3）告警窗显示的监控信息基于责任区分流，告警窗上只展示登录用户责任区范围内的告警；

（4）监控告警信息的字体类型、告警窗背景、告警确认后报文颜色等均可以进行个性化设置；

（5）利用滚动条可以根据需要人工锁定告警窗信息内容，锁定时限可由人工配置。

2. 告警窗操作使用

（1）人工确认告警信息。

将鼠标移至监控告警窗某一告警信息处，鼠标左键点击，即可对该告警信息进行确认，确认后的报文字体颜色将发生变化。与此同时，确认人姓名、确认时间等信息会以报文后缀的形式加以显示。

（2）人工锁定告警窗。

需要对告警信息进行历史追寻的时候，可以人工操作滚动条，锁定告警窗信息内容，防止新的告警信息上窗口时滚动条刷新下滑，方便监控员对报文信息进行研究分析，锁定时限可由人工配置。

（3）调阅一次接线图。

将鼠标移至监控告警窗某一告警信息处，鼠标右键点击，在弹出的下拉菜单中选择"查看接线图"，即可通过该告警信息直接调阅出该告警信息所在厂站一次接线图画面。

（三）变电站一次接线图系统

（1）工具栏图标见图2-1，工具栏各图标功能如下：

图2-1 工具栏图标

1）打开图形 。

按下 按钮，出现打开图形对话框，当选中某一图形后，双击该图形名称或单击"确定"按钮可打开该图形。

2）退出 。

按下 按钮就退出了图形浏览器。

3）前一幅图形/后一幅图形 。

按下 前一幅按钮，打开上一次打开的图形；按下后一幅按钮，恢复下一步操作，打开原来的图形。

4）主画面 。

这是一个快捷键，按下 按钮，就调出预先设定的主画面图形。

5）新建编辑图形/新建显示图形 。

按下 按钮，就打开了图形编辑器（GDesigner）窗口；

按下 按钮，就又打开一个图形浏览器（GExplorer）窗口。

6）导航图 。

按下 按钮，画面显示区就显示所打开图形的缩小全图形。

7）快速搜图 。

输入画面名称快速找到画面文件。

8）放大/缩小/全图 ◢ ◣ ♪。

这三个工具是用来浏览图形的。按下"放大/缩小"按钮就可以将浏览图放大/缩小。按下 ♪ 按钮则画面缩放到刚好可以显示整幅画面的大小。

9）拖动 ⬚。

按下 ⬚ 按钮，显示画面区就出现一个手柄，拖动手柄就可以将图形上下左右移动。

10）可视化 ●。

按下 ● 按钮，进入可视化显示模式。

缺省进入方式：调显潮流图即自动进入可视化模式。

11）显示有功/显示无功/显示电流 Ｐ□□。

按下 Ｐ□□ 图标后，画面上所有的有功/无功/电流都隐藏/显示出来。

12）显示跑动箭头 显示箭头。

在 D5000 系统内的图形上，用箭头跑动的形式来形象地表示潮流的流动。

13）态 实时态 ▾。

本系统内分为五态：实时态、研究态、测试态、规划态、反演态。缺省方式为实时态。在图形浏览器中，可以切换不同的态浏览不同态下的图形以及对应的动态数据。

14）应用名 SCADA ▾。

主要有 SCADA、PAS、AGC、FES 几种应用。

15）远程系统名 本系统 ▾。

主要用于远程系统调阅。配置好远程区域信息表后，即可在图形上选择远程系统名，进行远程系统切换。如果远程网络不通或通信程序故障等原因，将无法切换至远程系统。切换至远程系统后，即可浏览远程系统的厂站图、系统图和潮流图等画面，也可以通过选择本系统后切换至本地系统，结束远程浏览。远程浏览只浏览不可操作。

（2）厂站目录图。

值班监控员可在厂站目录画面监视变电站运行工况。打开系统首页，左键单击首页中的"SCADA"图标——左键单击"厂站接线"，即可打开"一次接线图目录"页面，如图 2-2 所示。

该页面中，各厂站图标不同的背景颜色分别代表不同的运行工况，其中，蓝色表示正常，红色表示通道中断，黄色表示数据不刷新，图标带有深蓝色的边框表示该站处于全站信号告警抑制状态。

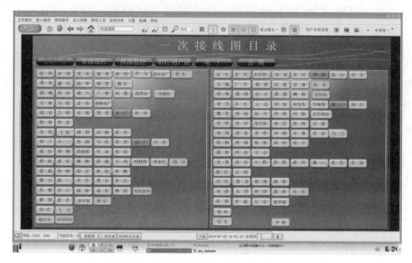

图 2-2　D5000 系统厂站目录图

（3）变电站一次接线图。

"一次接线图目录"画面下，鼠标左键单击相关厂站图标，即可打开选定站的一次接线图。变电站一次接线图界面如图 2-3 所示。

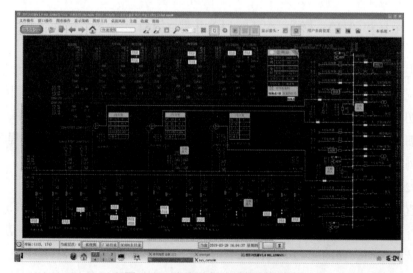

图 2-3　变电站一次接线图界面

变电站一次接线图画面可以全面直观地显示一次设备接线方式和运行方式，由母线及电压互感器、主变压器、输电线路、电容器、站用变压器、开关及隔离开关等一次设备组成，其中开关实心代表合位、空心代表断位。

不同电压等级采用不同颜色绘制拓扑，220kV 为紫色，110kV 为鲜红色，35kV 为黄色，10kV 为深红色，6kV 为蓝色，一次设备被封锁置位后为绿色。

画面上可显示各电压等级母线电压遥测值，从上至下依次为 ABC 三相电压、Uab 线电压、3U0 零序电压。正常情况下，母线电压遥测值为白色。

画面上可显示各电压等级出线、主变压器各侧和母联开关负荷遥测值，从上至下依次为有功功率 P、无功功率 Q、三相电流功率 I，正常情况下有功和无功功率遥测值颜色均为白色，电流遥测值颜色为绿色。另外，部分出线有抽压电压互感器，则会显示该线路的抽压值，正常情况下抽压遥测值颜色为绿色。

在一次接线图画面可以通过母线电压和设备电流的数值、颜色判断遥测值是否在正常范围内、是否正常刷新。上述所有遥测值显示为红色代表数值越限，显示为灰色代表数据不刷新为死数据。

画面上可显示主变压器挡位、温度、功率因数和负载率等遥测值详细信息，正常情况下负载率为棕黄色，其余遥测值均为白色，若数据不刷新则都为灰色。

（4）中央信号光字牌图。

变电站一次接线图中，将光标移至站标下方的光字牌处，按下鼠标中间滚轮，即可打开中央信号光字牌画面，如图 2-4 所示。

该画面可集中显示公用保护及自动装置、小电流系统母线单相接地、直流系统、低压交流系统、脉冲电网、电动大门及其他辅助设备设施的告警信号。其中，文字代表告警信号的具体含义。文字前面的圆形图标为静止状态的绿色时，表示该信号处于正常复归状态。变为静止状态红色时，表示该信号处于动作告警状态。圆形图标为闪烁状态绿色时，表示该信号过去某一时间曾动作告警，目前处于复归状态，且未经人工清闪。圆形图标为闪烁状态红色时，表示该信号目前处于动作告警状态，且未经人工清闪。

中央信号光字信息较多时，可分页显示，通过点击"上页""下页"图标进行翻页。

（5）设备间隔图。

变电站一次接线图中，将光标移至变压器或某开关图形处，按下鼠标中间滚轮，即可打开该主变压器或开关的间隔图，如图2-5所示。

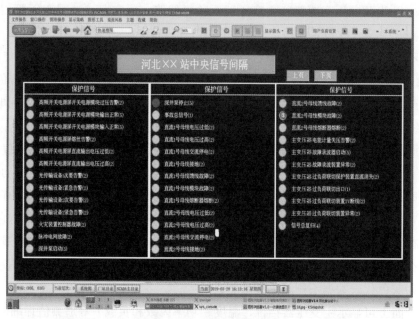

图2-4 中央信号光字牌图

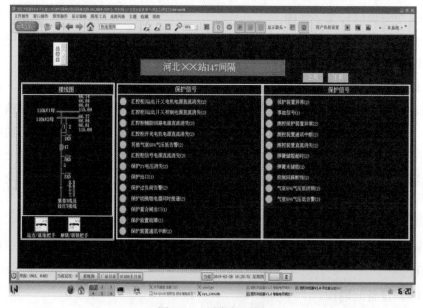

图2-5 设备间隔图

间隔图中，左侧显示该间隔及相关设备的一次接线方式、运行方式、母线电压数值、负荷遥测值、把手位置等。右侧显示该间隔设备光字信息。光字信息较多时，可分页显示，通过点击"上页""下页"图标进行翻页。光字信息含义及告警动作方式同中央信号光字，不再赘述。

（6）厂站间切换。

1）通过点击站标上的站名可以快速返回厂站目录，通过目录查找进入另一个厂站。

2）两端线路通过点击线路名称可以迅速切换至输电线路连接的另一个厂站，多端线路通过点击线路名称旁边的厂站名称可以快速切换至输电线路连接的另一个厂站。

3）通过画面上端或下端的工具栏按键也可以进行快速切换操作。

四、电网运行监视安全风险辨识

国家电网有限公司《电网调度控制运行安全风险辨识手册》中，对电网运行监视进行了全过程风险辨识，并针对性地制定了安全防范措施。电网运行监视全过程安全风险辨识与典型安全防范措施见表2-1。

表2-1　　　电网运行监视全过程安全风险辨识与典型安全防范措施

序号	辨识项目	辨识内容	辨识要点	典型安全防范措施
1	监控业务联系	是否存在因监控联系时未按规范进行，相关业务联系汇报不准确、不及时，汇报内容不完整，导致不能全面正确地了解电网和设备运行情况，造成误操作或者信息误处置的情况	检查监控业务联系是否规范；检查监控员是否及时、准确、全面地汇报监控业务	监控业务联系时必须首先互相通报单位和姓名，严肃认真、语言简明，使用规范的调度术语；监控员要及时、准确、全面地汇报监控业务，尤其是故障与异常信息的汇报
2	信息监视	是否存在漏监信息，造成故障处置不及时或扩大故障的情况；是否存在错判信息，造成故障或异常错误处理	是否做好信息分类和监控责任区的划分；是否不间断监视各类告警信息	明确监视范围，不间断监视变电站设备故障异常、越限、变位信息及输变电设备状态在线监测告警信息。掌控监控系统、设备在线状态监测系统和视频监控系统等运行情况。对检修信息进行置牌，使其只上检修信息窗口，核对监控系统检修置牌情况、信息封锁情况。对于设备各类异常告警信息，监控员应及时与运维人员进行确认，并汇报相关调控情况，做好信息处置准备工作。在检修过程中出现的重要告警信号，即使动作后复归了也要慎重判断。若不能确认，要及时与现场联系确认

序号	辨识项目	辨识内容	辨识要点	典型安全防范措施
3	监控信息汇报及处置	是否因监控范围内发生系统(设备)异常或故障信息,未及时通知运维人员,汇报相关调度,导致系统(设备)异常或故障得不到及时处理,造成故障扩大的情况	是否按照监控异常、故障信息处置相关规定及时通知运维人员现场检查并立即汇报相关管辖调度	准确掌握电网设备的各级调度管辖范围;根据异常或故障跳闸信息情况,监控员应初步分析判断异常或故障跳闸原因及对系统的影响,及时通知运维人员现场检查,并立即汇报相关调度;及时向相关调度反馈现场检查情况;根据调度指令做好故障或异常的处理和恢复送电准备,如执行远方遥控操作等,并做好记录
4	电压、力率监视与调整	是否存在系统电压、功率超出合格范围未能及时调整,局部地区长期电压越限,部分220kV 主变压器受电功率不合格的情况	是否进行电压、力率监视与控制	降低监控员对系统电压与主变压器受电力率调整的工作量。掌握系统电压波动规律,超前调整电压。加强监视电压与功率的监视,及时调整系统电压与功率,确保其在合格范围内。如无调节手段,立即向相应管辖调度汇报
5	监控画面巡视	是否存在因未按规范定时进行监控画面巡视,导致电网、设备异常和故障信息不能及时发现的情况	是否按规范定时开展监控画面全覆盖巡视	按规定定时对监控系统的画面进行全面巡视,检查开关、隔离开关位置是否正确,有无异常信息发生或光字牌是否复归;遥测数据是否正常变位,有无越限;厂站工况画面中的厂站通道状态是否正常等,并做好巡视记录
6	视频系统巡视	是否存在因未按规定进行的视频系统巡视,导致视频系统的异常情况不能及时发现的情况	是否按规定对视频系统进行巡视并确保巡视到位	检查视频系统运行情况。发现异常时,及时通知相关人员检查处理,并做好相关记录
7	输变电设备状态在线监测系统巡视	是否存在未按规定进行输变电设备状态在线监测系统巡视,导致输变电设备状态在线监测系统的异常信息不能及时发现的情况	是否进行输变电设备状态在线监测系统巡视并确保巡视到位	检查输变电设备状态在线监测系统运行情况发现异常,及时通知相关人员检查处理,并做好相关记录
8	信息核对	是否存在未定期与现场核对运行方式,造成变电站监控前置机死机后监控无法准确掌握运行方式的情况	是否按规定与现场核对运行方式	监控按规定与现场核对运行方式,以确保当前系统运行方式与实际一致
9	设备缺陷处理	对现场设备的缺陷掌握是否全面,是否能够及时置牌、填报缺陷,对无功设备是否能够在无功优化系统中予以封锁;是否存在因相关设备消缺后,未在无功优化系统中及时进行解锁、拆牌等,影响电压、功率因数的调节的情况	是否做好设备缺陷填报、置牌、封锁、验收、解锁、拆牌等全过程管理	对存在缺陷的设备,在调控自动化系统 SCADA 一次接线图中置牌,在 OMS 日志中填写电气缺陷记录,对无功设备,要在无功优化系统中及时封锁。设备缺陷消除后,在调度自动化系统 SCADA 一次接线图中拆牌,在 OMS 日志中将缺陷记录闭环,对无功设备,在无功优化系统中及时解锁

五、110、220kV 智能变电站典型监控信息释义及处置

（一）保护及安全自动装置检修状态不一致告警

（1）信息释义：保护装置对电子式互感器或合并单元的 MU、智能终端上送的检修标志进行实时检测，并与装置自身的检修状态进行比较，如二者一致，将采样数据应用于保护逻辑，保护正确动作；当二者不一致时，根据不同报文，选择性地闭锁相关元件；检修状态压板投入时监视保护上送到监控系统的保护事件信息中带有检修状态提示信息，便于站端或主站监控系统区分保护装置正常运行和检修调试；保护装置与智能终端所投检修压板一致时智能终端能够动作，否则智能终端不动作。

（2）原因分析：

1）电压采样异常或电压检修状态不一致。

2）电压复采异常或电压复采检修状态不一致。

3）同期电压采样异常或同期电压检修状态不一致。

4）电压采样异常闭锁保护或电流检修状态不一致。

5）电压复采异常闭锁保护或电流复采检修状态不一致。

6）保护装置、合并单元、智能终端三者检修压板投入状态不一致。

（3）造成后果：

1）电压采样或复采异常，造成电压互感器断线。

2）同期电压采样异常，造成同期电压断线，重合闸方式整定为满足线路抽取电压断线判别方式，闭锁重合闸。

3）电流采样或复采异常，闭锁所有保护，装置告警灯亮。

4）保护异常、故障或出口等保护事件无法上送，设备发生异常时，无法实时监控。线路故障时保护不能动作跳闸，测控装置无法远方控制。

智能终端的检修压板投退原则：检修试验时，智能终端、合并单元、保护装置的检修压板三者应同时投入，进行模拟传动试验；正常运行时，三者应同时在退出状态。

（4）处置原则：

1）调度员：做好事故预想，下达调度指令。

2）监控值班员：上报调度，通知运维单位，做好相关操作准备，采取相应

91

的措施。

3）运维单位：现场检查，向调度和监控人员汇报，采取现场处置措施。

（5）现场运维一般处置原则：

1）现场检查保护装置或后台监控系统相关报文。

2）如为电压采样（复采）异常或电压（复采）检修状态不一致，处理方式同电压互感器断线相同。

3）同期电压采样异常或同期电压检修状态不一致，处理方式与同期电压断线相同。

4）电流采样（复采）异常或电流（复采）检修状态不一致，根据调度指令，退出保护出口压板。

5）现场检查后台监控系统保护检修状态压板是否投入，如投入时，运维人员在后台监控系统将压板退出；如无法操作，应将详细现象通知二次检修班组，并做好记录加强监视。

6）如后台监控系统无法操作时，待二次检修班组到现场后，在保护装置上将保护检修状态压板退出。

7）应将详细情况通知二次检修班组，并做好记录。

（二）保护及安全自动装置（间隔层 IED 设备）SV 总告警

（1）信息释义：监视保护装置接收 SV 报文是否正常的信号，主要接收本间隔合并单元传递的母线电压、线路抽取电压、间隔电流，以及采样链路中断等信息，SV 产生告警表示保护及安全自动装置接收的 SV 报文出现异常，同时报出保护或安全自动装置异常。

（2）原因分析：

1）合并单元采集模块、电源模块、CPU 等内部元件损坏；

2）合并单元电源失电；

3）合并单元发光模块异常；

4）合并单元采样数据异常；

5）保护装置至合并单元链路中断。

（3）造成后果：

1）保护或安全自动装置采集的交流电流、电压不正确；

2）保护或安全自动装置采集的交流电流、电压不同步，影响距离保护正确动作；

3）保护或安全自动装置采集的交流电流、电压各相之间、主变压器各侧之间不同步，影响距离保护、零序保护、间隙保护、纵差（差动）保护正确动作；

4）线路、母线、主变压器等保护装置失去相关保护功能；

5）备用电源自动投入装置、低频减载装置、过负荷联切装置、测控装置功能异常。

（4）处置原则：

1）调度员：做好事故预想，安排电网运行方式，下达调度指令。

2）监控值班员：上报调度，通知运维单位，加强运行监控，做好相关操作准备。采取相应的措施。

3）运维单位：现场检查，向调度和监控人员汇报，采取现场处置措施。

（5）现场运维一般处置原则：

1）现场检查并查询合并单元指示灯、保护或安全自动装置液晶报文，检查站端监控系统与主站告警信号是否一致，合并单元和保护及安全自动装置是否有失电、异常、闭锁、采样数据异常、采样失步或其他告警，同时检测母线差动保护、备用电源自动投入装置、测控装置是否也同时产生了 SV 告警，并将详细现象通知二次检修班组，最后应将分析判断结果及时反馈调度和监控。

2）如果故障短时复归，应做好记录加强监视。

3）如无法复归或短时间内频繁出现时，对双套配置的，退出相应母线差动保护、本间隔保护及受其影响不能正常运行的相关合并单元；对单套配置的，对应一次设备应停电。

（三）保护及安全自动装置（间隔层 IED 设备）GOOSE 总告警

（1）信息释义：监视保护及安全自动装置接收 GOOSE 报文是否正常的信号，主要接收与本装置相对应的电气设备（简称本间隔）智能终端传递的开关、隔离开关位置、控制回路异常（如闭锁重合，位置不对应启动重合、永跳继电器启动远跳）、220kV 线路保护接收相应母线差动保护远跳等信息，GOOSE 产生告警表示保护及安全自动装置接收的 GOOSE 报文出现异常。

（2）原因分析：

1）保护及安全自动装置与本间隔智能终端之间 GOOSE 断链；

2）本间隔智能终端电源失电；

3）本间隔智能终端异常或闭锁；

4）本间隔智能终端发光模块异常；

5）保护及安全自动装置异常；

6）保护及安全自动装置与本间隔智能终端 GOOSE 配置不一致报警。

（3）造成后果：

1）如线路保护接收不到开关位置，线路故障时影响保护正常动作，可能造成开关拒动；

2）220kV 线路保护接收母线差动保护 GOOSE 告警，母线故障时，造成相应开关未能跳闸，可能扩大事故范围；

3）保护及安全自动装置隔离开关开入异常，进而影响电压互感器断线异常判别、电压切换、重合闸、闭锁备用电源自动投入装置等保护功能。

（4）处置原则：

1）调度员：做好事故预想，安排电网运行方式，下达调度指令。

2）监控值班员：上报调度，通知运维单位，加强运行监控，做好相关操作准备。采取相应的措施。

3）运维单位：现场检查，向调度和监控人员汇报，采取现场处置措施。

（5）现场运维一般处置原则：

1）现场检查并查询智能终端指示灯、保护或安全自动装置液晶报文，检查站端监控系统与主站告警信号是否一致，现场检查智能终端和保护及安全自动装置是否有失电、异常、闭锁或其他告警，并将详细现象通知二次检修班组，最后应将分析判断结果及时反馈调度和监控。

2）如果故障短时复归，应做好记录加强监视。

3）如无法复归或短时间内频繁出现时，督促二次检修班组应尽快到现场进行处置，必要时停电处理。

（四）测控装置 SV 总告警

（1）信息释义：监视测控装置接收 SV 报文是否正常的信号，主要接收本间隔合并单元传递的母线电压、线路抽取电压、间隔测量回路电流以及采样链路中断等信息，SV 产生告警表示测控装置接收的 SV 报文出现异常，同时报出测控装置异常。

（2）原因分析：

1）合并单元采集模块、电源模块、CPU 等内部元件损坏；

2）合并单元电源失电；

3）合并单元发光模块异常；

4）合并单元采样数据异常；

5）保护装置至合并单元链路中断。

（3）造成后果：

1）测控装置采集的交流电流、电压不正确，造成测控装置内有功、无功、电流、线路抽取电压异常，无法监视设备负荷情况，影响设备状态估计分析；

2）采取线路电压异常时，影响开关同期合闸操作。

（4）处置原则：

1）调度员：做好事故预想，安排电网运行方式，下达调度指令。

2）监控值班员：上报调度，通知运维单位，加强运行监控，做好相关操作准备。采取相应的措施。

3）运维单位：现场检查，向调度和监控人员汇报，采取现场处置措施。

（5）现场运维一般处置原则：

1）现场检查并查询合并单元指示灯、测控装置液晶报文，检查站端监控系统与主站告警信号是否一致，合并单元和测控装置是否有失电、异常、闭锁、采样数据异常、采样失步或其他告警，同时检测母线差动保护、安全自动装置是否也同时产生了 SV 告警，并将详细现象通知二次检修班组，最后应将分析判断结果及时反馈调度和监控。

2）如果故障短时复归，应做好记录加强监视。

3）如无法复归或短时间内频繁出现时，根据调度指令进行处置。

（五）测控装置 GOOSE 总告警

（1）信息释义：监视测控装置接收 GOOSE 报文是否正常的信号，主要接收本间隔智能终端传递的开关、隔离开关位置、开关机构异常（如 SF_6 气压低告警、闭锁、控制回路断线）等信息，GOOSE 产生告警表示测控装置接收的 GOOSE 报文出现异常。

（2）原因分析：

1）测控装置与本间隔智能终端之间 GOOSE 断链；

2）本间隔智能终端电源失电；

3）本间隔智能终端异常或闭锁；

4）本间隔智能终端发光模块异常；

5）测控装置异常；

6）测控装置与本间隔智能终端 GOOSE 配置不一致报警。

（3）造成后果：

1）无法在测控装置、站端监控系统和主站监控系统进行操作开关和隔离开关，操作开关时需在机构就地进行处置；

2）站端和主站监控系统开关、隔离开关位置可能和实际位置不一致；

3）开关机构异常时，无法接收设备异常信号。

（4）处置原则：

1）调度员：做好事故预想，安排电网运行方式，下达调度指令。

2）监控值班员：上报调度，通知运维单位，加强运行监控，做好相关操作准备。采取相应的措施。

3）运维单位：现场检查，向调度和监控人员汇报，采取现场处置措施。

（5）现场运维一般处置原则：

1）现场检查并查询智能终端装置指示灯、测控装置液晶报文，检查站端监控系统与主站告警信号是否一致，智能终端装置和测控装置是否有失电、异常、闭锁或其他告警，并将详细现象通知二次检修班组，最后应将分析判断结果及时反馈调度和监控。

2）如果故障短时复归，应做好记录加强监视。

3）如无法复归或短时间内频繁出现时，督促二次检修班组应尽快到现场进行处置，必要时停电处理。

（六）合并单元异常

（1）信息释义：合并单元既要通过电缆与过程层常规设备（电子电流互感器）连接，又要通过光缆与过程层母线电压互感器合并单元、间隔层（保护装置、测控装置）设备连接，用来传输母线电压（并列后），间隔电流、线路抽取电压，并实现电压切换功能。此信号表示合并单元运行工况出现异常，只退出部分装置功能，发告警信号。

（2）原因分析：

1）装置自检报警。如装置异常、SV 总告警、GPS 对时信号未接入、B07

开入电源丢失、装置检修、检修压板投入、且任一相有流、母线 MU 置检修、采样板异常、光耦电源异常等。

2）数据发送异常。

3）装置采样异常（包括电流互感器开路、电压互感器短路或电压互感器空开跳闸、电压互感器断线、采样失步等原因造成的采样异常）。

4）切换继电器同时动作。

5）装置内部插件异常。

6）合并单元失步。

7）合并单元光纤链路异常。

8）合并单元配置出现错误。

9）合并单元接收电压异常。

10）合并单元时钟丢失。

11）合并单元输入额定延迟异常。

12）合并单元接收 MU 无效。

13）其他装置自检异常的项目。

（3）造成后果：

1）向保护装置发出的 SV 信息无效，保护采样不正确，可能导致保护误动。

2）测控装置接收遥测数值不正常，无法实时监视设备负荷情况，影响检测满足同期条件后方可合闸的操作。

3）保护装置失去需要电压值判断的相关保护功能。

4）电压切换功能异常。

5）计量用电度表电量受到损失。

（4）处置原则：

1）调度员：做好事故预想，安排电网运行方式，下达调度指令。

2）监控值班员：上报调度，通知运维单位，加强运行监控，做好相关操作准备。采取相应的措施。

3）运维单位：现场检查，向调度和监控人员汇报，采取现场处置措施。

（5）现场运维一般处置原则：

1）现场检查合并单元，检查站端与主站告警信号是否一致，是否存在相关保护及测控装置 SV 告警、电压互感器断线、切换继电器同时动作、保护启动、采样异常、GPS 告警等信号，检查合并单元各信号指示灯并记录该合并单元的组别（第一套或第二套）。检查装置自检报告，并结合其他装置进行综合判断，将详细现象通知二次检修班组，最后应将分析判断结果及时反馈调度和监控。

2）如果故障短时复归，应做好记录加强监视。

3）如果无法复归或短时间内频繁出现时，督促二次检修班组应尽快到现场进行处置，必要时停电处理。

（七）合并单元故障

（1）信息释义：合并单元既要通过电缆与过程层常规设备（电子电流互感器）连接，又要通过光缆与过程层母线电压互感器合并单元、间隔层（保护装置、测控装置）设备连接，用来传输母线电压（并列后），间隔电流、线路抽取电压，并实现电压切换功能。此信号表示合并单元运行工况出现严重故障，装置闭锁所有功能，并伴"运行"灯灭。

（2）原因分析：

1）合并单元装置板卡配置和具体工程的设计图纸不匹配导致合并单元无法正常运行；

2）定值超过整定范围，程序运行出现错误导致合并单元无法正常运行；

3）装置失电。

（3）造成后果：

1）相应保护、测控装置、电度表等无法获得交流电流采样值；

2）断路器、线路、母线等保护装置失去相关保护功能。

（4）处置原则：

1）调度员：做好事故预想，安排电网运行方式，下达调度指令。

2）监控值班员：上报调度，通知运维单位，加强运行监控，做好相关操作准备。采取相应的措施。

3）运维单位：现场检查，向调度和监控人员汇报，采取现场处置措施。

（5）现场运维一般处置原则：

1）现场检查合并单元，检查站端与主站告警信号是否一致，是否存在相关保护及测控装置 SV 告警等信号，检查合并单元各信号指示灯并记录该合并单元的组别（第一套或第二套）。检查装置自检报告报告，并结合其他装置进行综合判断，将详细现象通知二次检修班组，最后应将分析判断结果及时反馈调度和监控。

2）如果故障短时复归，应做好记录加强监视。

3）如无法复归或短时间内频繁出现时，对双套配置的，退出相应母线差动保护、本间隔保护及受其影响不能正常运行的相关合并单元；对单套配置的，对应一次设备应停电。

（八）合并单元 SV 总告警

（1）信息释义：监视合并单元接收的 SV 报文是否正常的信号，主要接收母线合并单元发送的母线电压、本间隔光电流互感器 SV 断链，SV 产生告警表示保护及安全自动装置接收的 SV 报文出现异常，同时报合并单元异常。

（2）原因分析：

1）母线合并单元采集模块、电源模块、CPU 等内部元件损坏；

2）母线合并单元电源失电；

3）母线合并单元发光模块异常；

4）母线合并单元采样数据异常；

5）本间隔合并单元装置异常；

6）光纤支路接收采样链路异常、光纤损坏、中断、光纤误码较高。

（3）造成后果：

1）向保护装置发出的 SV 信息无效，保护采样不正确，可能导致保护误动或拒动；

2）测控装置接收遥测数值不正常，无法实时监视设备负荷情况，影响检测满足同期条件后方可合闸的操作；

3）保护装置失去需要电压值判断的相关保护功能；

4）电压切换功能异常。

（4）处置原则：

1）调度员：做好事故预想，安排电网运行方式，下达调度指令。

2）监控值班员：上报调度，通知运维单位，加强运行监控，做好相关操作准备。采取相应的措施。

3）运维单位：现场检查，向调度和监控人员汇报，采取现场处置措施。

（5）现场运维一般处置原则：

1）现场检查合并单元，检查站端与主站告警信号是否一致，是否存在相关保护及测控装置 SV 告警等信号，检查合并单元各信号指示灯并记录该合并单元的组别（第一套或第二套）。检查装置自检报告报告，并结合其他装置进行综合判断，将详细现象通知二次检修班组，最后应将分析判断结果及时反馈调度和监控。

2）如果故障短时复归，应做好记录加强监视。

3）如无法复归或短时间内频繁出现时，对双套配置的，退出相应母线差动保护、本间隔保护及受其影响不能正常运行的相关合并单元；对单套配置的，对应一次设备应停电。

（九）合并单元 GOOSE 总告警

（1）信息释义：监视合并单元接收的隔离开关、开关位置，将切换后电压以通信的方式传送给保护装置，同时报合并单元异常。

（2）原因分析：

1）合并单元收智能终端 GOOSE 链路中断或发送与接收不匹配。

2）隔离开关辅助接点接触不良。

（3）造成后果：保护装置失去接收电压切换功能，造成保护装置失去需要电压值判断的相关保护功能。

（4）处置原则：

1）调度员：做好事故预想，安排电网运行方式，下达调度指令。

2）监控值班员：上报调度，通知运维单位，加强运行监控，做好相关操作准备。采取相应的措施。

3）运维单位：现场检查，向调度和监控人员汇报，采取现场处置措施。

（5）现场运维一般处置原则：

1）现场检查合并单元，检查站端与主站告警信号是否一致，是否存在相关保护 GOOSE 告警等信号，检查合并单元各信号指示灯并记录该合并单元的组别（第一套或第二套）。检查装置自检报告报告，并结合其他装置进行综合判断，将详细现象通知二次检修班组，最后应将分析判断结果及时反馈调度和监控。

2）如果故障短时复归，应做好记录加强监视。

3）如无法复归或短时间内频繁出现时，对双套配置的，退出相应母线差动保护、本间隔保护及受其影响不能正常运行的相关合并单元；对单套配置的，对应一次设备应停电。

（十）智能终端装置异常

（1）信息释义：智能终端以硬接线与一次设备连接，用于采集开关位置、隔离开关位置以及开关本体信号（含重合闸压力低）在内的一次设备的状态量信号，以网络与二次设备连接，实现站内设备对一次设备操控命令的执行、一次设备的信号采集、状态监测、故障诊断等功能。监视开关智能终端是否正常运行的信号，只退出部分装置功能，发异常信号。

（2）原因分析：

1）装置自检报警；

2）GPS 对时信号未接入；

3）跳合闸回路异常；

4）开入板电源；

5）跳合闸 GOOSE 输入长期动作、信号长时间不返回；

6）智能终端内部插件损坏；

7）智能终端开入开出回路、光耦回路异常；

8）智能终端系统存在错误；

9）智能终端光纤链路异常、如光纤损坏、中断，光纤误码较高等；

10）智能终端电源异常；

11）其他装置自检异常的项目。

（3）造成后果：

1）开关跳合闸回路异常；

2）GPS 对时不准确；

3）光路接收异常，导致该光路数据丢失。向保护、测控装置发出的开关量信号、状态、故障等 GOOSE 信息无效；接收的保护、测控等 GOOSE 信息无效。影响开关正常分合闸。

（4）处置原则：

1）调度员：做好事故预想，安排电网运行方式，下达调度指令。

2）监控值班员：上报调度，通知运维单位，加强运行监控，做好相关操作准备。采取相应的措施。

3）运维单位：现场检查，向调度和监控人员汇报，采取现场处置措施。

（5）现场运维一般处置原则：

1）现场检查智能终端，检查信号报出是否正确，是否有光纤等其他异常。检查相关保护装置信号，并将详细现象通知二次检修班组。

2）如果故障短时复归，应做好记录加强监视。

3）如无法复归或短时间内频繁出现时，督促二次检修班组应尽快到现场进行处置，必要时停电处理。

（十一）智能终端故障

（1）信息释义：智能终端以硬接线与一次设备连接，用于采集开关位置、隔离开关位置以及开关本体信号（含重合闸压力低）在内的一次设备的状态量信号，以网络与二次设备连接，实现站内设备对一次设备操控命令的执行、一次设备的信号采集、状态监测、故障诊断等功能。监视开关智能终端是否正常运行的信号，出现严重故障，装置闭锁所有功有，并伴随着"运行"灯灭。

（2）原因分析：

1）智能终端装置板卡配置和具体工程的设计图纸不匹配导致合并单元无法正常运行；

2）定值超过整定范围，程序运行出现错误导致合并单元无法正常运行；

3）装置失电或闭锁。

（3）造成后果：

1）智能终端（或测控装置）、站端和主站无法远方实现开关分合闸操作；

2）设备故障时，保护动作时开关不能跳闸，造成事故扩大。

（4）处置原则：

1）调度员：做好事故预想，安排电网运行方式，下达调度指令。

2）监控值班员：上报调度，通知运维单位，加强运行监控，做好相关操作准备。采取相应的措施。

3）运维单位：现场检查，向调度和监控人员汇报，采取现场处置措施。

（4）现场运维一般处置原则：

1）现场检查智能终端和相关保护及安全自动装置，检查站端与主站告警信号是否一致，检查与此智能终端相关联的间隔层保护及安全自动装置是否发出GOOSE告警信号，将详细现象通知二次检修班组，并立即将分析判断结果反馈调度和监控。

2）如果故障短时复归，应做好记录加强监视。

3）如无法复归或短时间内频繁出现时，对双套配置的，退出相应母线差动保护、本间隔保护及受其影响不能正常运行的相关合并单元；对单套配置的，对应一次设备应停电。

（十二）智能终端装置 GOOSE 总告警

（1）信息释义：监视智能终端接收 GOOSE 报文是否正常的信号，主要接收母线差动保护跳本间隔、保护及安全自动装置跳合闸、主变压器保护跳闸、备用电源自动投入装置跳合闸、测控装置遥控分合闸等信息，GOOSE 产生告警表示智能终端接收的 GOOSE 报文出现异常。

（2）原因分析：

1）智能终端与母线差动保护之间 GOOSE 断链；

2）智能终端与保护及安全自动装置之间 GOOSE 断链；

3）智能终端与主变压器保护之间 GOOSE 断链（内桥接线）；

4）智能终端与备用电源自动投入装置之间 GOOSE 断链；

5）智能终端与测控装置之间 GOOSE 断链；

6）本间隔智能终端异常或闭锁；

7）母线差动保护、保护及安全自动装置、主变压器保护、备用电源自动投入装置、测控装置之间的发光模块异常；

8）母线差动保护、保护及安全自动装置、主变压器保护、备用电源自动投入装置、测控装置与本间隔智能终端 GOOSE 配置不一致报警。

（3）造成后果：

1）站端和主站无法实现远方开关分合闸操作；

2）设备故障时，保护动作时开关不能跳闸，造成事故扩大。

（4）处置原则：

1）调度员：做好事故预想，安排电网运行方式，下达调度指令。

2）监控值班员：上报调度，通知运维单位，加强运行监控，做好相关操作准备。采取相应的措施。

3）运维单位：现场检查，向调度和监控人员汇报，采取现场处置措施。

（5）现场运维一般处置原则：

1）现场检查智能终端和相关保护及安全自动装置，检查站端与主站告警信号是否一致，智能终端和相关保护及安全自动装置是否有失电、异常、闭锁或其他告警，并将详细现象通知二次检修班组，最后应将分析判断结果及时反馈调度和监控；

2）如果故障短时复归，应做好记录加强监视；

3）如果无法复归或短时间内频繁出现时，督促二次检修班组应尽快到现场进行处置，必要时停电处理。

（十三）装置对时异常

（1）信息释义：表示装置不能准确地实现时钟同步功能。

（2）原因分析：

1）GPS 天线异常。

2）GPS 时钟同步装置异常。

3）GPS 时钟扩展装置异常。

4）GPS 与设备之间的链路异常。

5）合并单元、智能终端、保护及安全自动装置对时模块异常。

6）合并单元、智能终端、保护及安全自动装置守时模块异常。

7）装置板卡不匹配。

8）GPS 光纤误码较高。

（3）造成后果：一旦对时功能失效，将会造成 SV 失步，可能造成保护误动或合并单元异常；发生事故时上送主站 SOE 误差较大。

（4）处置原则：

1）调度员：做好事故预想，安排电网运行方式，下达调度指令。

2）监控值班员：上报调度，通知运维单位，加强运行监控，做好相关操作准备。采取相应的措施。

3）运维单位：现场检查，向调度和监控人员汇报，采取现场处置措施。

（5）现场运维一般处置原则：

1）现场检查时钟同步装置正常，检查站端与主站告警信号是否一致，检查失步设备与时钟扩展装置间的链路是否正常，合并单元、保护及安全自动装置的告警信号，并将详细现象通知二次检修班组；

2）如果故障短时复归，应做好记录加强监视；

3）如果无法复归或短时间内频繁出现，根据调度指令退出有关功能。

（十四）间隔层交换机直流消失

（1）信息释义：交换机作为网络连接设备主要是完成物理编址、网络拓扑结构、错误校验、帧序列以及流控等功能。

（2）原因分析：

1）交换机硬件故障主要指交换机电源、背板、模块、端口、线缆等部件的故障；

2）交换机的软件故障，系统错误、配置不当、密码丢失、外部因素。

（3）造成后果：

1）220kV保护动作后无法启动母线失灵保护；

2）母线保护动作后无法对线路保护重合闸放电；

3）主变压器后备保护动作后无法对备用电源自动投入装置放电；

4）保护、测控装置无法接收智能终端发送的开关位置等重要信息；

5）测控装置、故障录波、网络分析仪等装置无法接收合并单元发送的采样值信息；

6）无法实时监控设备状态。

（4）处置原则：

1）调度员：做好事故预想，安排电网运行方式，下达调度指令。

2）监控值班员：上报调度，通知运维单位，加强运行监控，做好相关操作准备。采取相应的措施。

3）运维单位：现场检查，向调度和监控人员汇报，采取现场处置措施。

（5）现场运维一般处置原则：

1）现场检查交换机装置正常，检查站端与主站告警信号是否一致，记录交换机面板的告警指示，并将详细现象通知二次检修班组；

2）如果故障短时复归，应做好记录加强监视；

3）如果无法复归或短时间内频繁出现，加强现场设备监视。

（十五）温、湿度异常

（1）信息释义：合并单元和智能终端安装在智能控制柜中，智能柜布置在室内或室外，智能柜内温、湿度直接影响到合并单元和智能终端的运行寿命。

（2）原因分析：

1）受天气影响，智能柜内温、湿度过高或过低；

2）温、湿度控制器损坏，无法检测温度或湿度。

（3）造成后果：

1）温、湿度过高或过低，超出合并单元和智能终端的运行允许范围，降低设备的运行寿命；

2）温、湿度过高或过低，导致合并单元和智能终端不能正常运行，如合并单元输出异常引起继电保护设备误动作；

3）温、湿度控制器损坏时，无法实时监控温、湿度，可能导致设备长期运行在恶劣环境中。

（4）处置原则：

1）调度员：做好事故预想，安排电网运行方式，下达调度指令。

2）监控值班员：上报调度，通知运维单位，加强运行监控，做好相关操作准备，采取相应的措施。

3）运维单位：现场检查，向调度和监控人员汇报，采取现场处置措施。

（5）现场运维一般处置原则：

1）遇到温、湿度过高的情况时，应采取降温措施，如打开柜门保持通风等；

2）现场检查合并单元和智能终端运行正常，无异常告警现象发生。

（十六）远方就地控制把手异常

（1）信息释义。远方就地把手分为三级：

1）测控装置远方就地把手在"远方"位置时，可以进行远方分合闸操作，打至"就地"位置时无法实现远方分合闸操作，智能变电站测控装置无把手。

2）开关本体或机构内远方就地把手在"远方"位置时，保护测控等设备可以跳合闸操作，"就地"位置时则只能在开关本地进行操作，此时切断开关控制回路，伴随着"控制回路断线"，保护不能正常跳合闸，正常运行时应打在"远方"位置，主要用于检修试验开关时在开关处进行跳合开关。

3）智能柜远方就地把手在"远方"位置时，可以进行远方分合闸操作，打至"就地"位置时无法实现远方分合闸操作，等同于测控装置远方就地把手。

（2）原因分析：

1）远方就地把手转换开关接触不良或损坏；

2）人员误将把手打至就地位置。

（3）造成后果：

1）测控装置或智能柜内的远方就地把手打至"就地"位置、接触不良或损坏时，造成无法远方分合开关；

2）开关本体远方就地把手在"就地"位置，切断控制回路，发生故障时，保护动作，开关无法跳闸，造成越级跳闸，引发事故扩大。

（4）处置原则：

1）调度员：做好事故预想，安排电网运行方式，下达调度令。

2）监控值班员：上报调度，通知运维单位，加强运行监控，做好相关操作准备。采取相应的措施。

3）运维单位：现场检查，向调度和监控人员汇报，采取现场处置措施。

（5）现场运维一般处置原则：

1）现场检查智能柜或测控装置、开关本体远方就地把手在就地位置时，立即打至远方位置；

2）如智能柜或测控装置远方就地把手损坏，将详细现象通知二次检修班组，进行更换；

3）如开关本体远方就地把手损坏，立即汇报调度，采取倒供负荷方式，在机构处手动脱扣使开关跳闸，停电处理。

第二节　电网设备运行监视告警新技术

一、"4+1"模式的电网频发监控信息智能告警及综合治理技术

（一）技术背景

大运行模式下，变电站实行无人值班模式，由调控中心监控员利用 D5000 自动化系统在远方集中监控电网运行情况。集中监控模式下，电网发生异常或故障时，自动化系统告警窗会自动弹出异常报文，同时会伴随着与文字内容相同的语音告警，这样一来，监控员就能发现电网异常情况。D5000 自动化系统异常告警示意如图 2-6 所示。但是电网实际运行过程中，由于受到设备缺陷、电网异常等诸多因素影响，容易出现一个或多个异常信号在一段时间内频繁动作复归的情况，这时就会造成告警窗出现报文刷屏和语音重复播报，此种情况被

我们称为海量告警。据实际查询统计，地市公司中频发信息在总监控信息量中所占比重达到 90%以上。海量告警的危害主要有以下几点：一是容易将重要信息淹没，造成监控信息遗漏或处置不及时；二是容易造成人员思想麻痹，可能造成监控员对异常信息的误判断、误处置；三是耗费监控员工作精力，大幅增加监控工作量，降低监控效能。

图 2-6　D5000 自动化系统异常告警示意

例如，××站"1 号主变压器 311 开关弹簧未储能"信号在 24h 之内频繁动作 42 788 次，平均每分钟 29.71 次，如果不采取措施，将会极大地干扰调控工作正常开展。××站监控信息频发查询统计截图如图 2-7 所示。

	变电站	信号名称	次数	统计时间
1	邯郸.████站	邯郸.████站/1号主变压器311开关/弹簧未储能(2)	42788	2016-07-19 00:00:00-2016-07-19 23:59:59
2	河北.████站	河北.████站/220kV.齐滏线223/保护切换继电器同时接通(2)	3024	2016-07-19 00:00:00-2016-07-19 23:59:59
3	邯郸.████站	邯郸.████站/10kV1号母线接地(2)	2752	2016-07-19 00:00:00-2016-07-19 23:59:59
4	磁县.████站	磁县.████站/10kV1号母线接地(2)	1156	2016-07-19 00:00:00-2016-07-19 23:59:59
5	河北.████站	河北.████站/脉冲电网启动(2)	862	2016-07-19 00:00:00-2016-07-19 23:59:59
6	磁县.████站	磁县.████站/10kV2号母线接地(2)	658	2016-07-19 00:00:00-2016-07-19 23:59:59
7	河北.████站	河北.████站/2号主变压器112/电动机运转(5)	620	2016-07-19 00:00:00-2016-07-19 23:59:59
8	邯郸.████站	邯郸.████站/岭南北路046/保护重合闸出口(1)	502	2016-07-19 00:00:00-2016-07-19 23:59:59
9	邯郸.████站	邯郸.████站/10kV2号限时速断保护出口(5)	502	2016-07-19 00:00:00-2016-07-19 23:59:59
10	磁县.████站	磁县.████站/10kV2号母线接地(2)	482	2016-07-19 00:00:00-2016-07-19 23:59:59

图 2-7　××站监控信息频发查询统计截图

（二）技术原理

以 D5000 技术支持系统为平台创新研发 4 项智能告警技术，以 OMS 调度管理系统为平台创新研发一种综合治理功能。

1. 四项智能告警技术

（1）告警抑制技术。告警抑制技术能够将监控频发信息加以屏蔽，也即处于告警抑制状态的监控信息动作时，不向 D5000 系统实时告警窗发送报文、无语音告警，而是直接进入历史数据库，如图 2-8 所示。

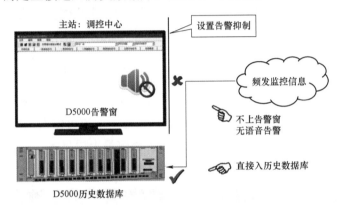

图 2-8　告警抑制技术示意图

（2）延时告警技术。延时告警技术能够将部分监控频发信息进行过滤，也即设置延时告警后的监控信息，其持续动作时间大于设定时长后才能正常告警，否则该信息直接入历史数据库，不上告警窗、无语音。延时告警技术示意如图 2-9 所示。

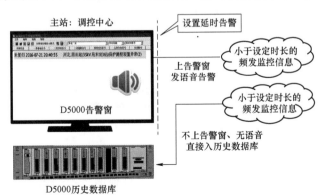

图 2-9　延时告警技术示意

（3）累计显示技术。D5000 系统后台可以自动统计各类监控信息 24h 累计动作次数，并通过在告警窗中报文信息增加后缀的方式，实时显示 24h 累计频发次数。这样一来监控员能够快速识别频发信息，实时掌握频发情况。频发信息24h 动作次数累计显示图如图 2－10 所示。

图 2－10　频发信息 24h 动作次数累计显示图

另外，为了便于对严重频发的信号进行整体把控，还创新应用了推列表功能，也即对于 24h 内频发次数超过 30 次的信息（次数可由人工自行设定），每新增一次，系统会自动弹出一个列表，在告警窗最上层显示，便于监控员进行整体把控和及时处置。严重频发信息弹出列表图如图 2－11 所示。

图 2－11　严重频发信息弹出列表图

（4）智能识别技术。智能识别技术既能在告警窗实时显示频发信息，又能消除报文刷屏和海量语音告警造成的干扰。具体而言，当某一异常信息首次动作时，系统判定为普通告警信息，上实时告警窗，音响同步发出语音告警。当在该信息复归后 1min 内再次动作时（时间可由人工自行设定），系统判定为短周期频发告警信息，上实时告警窗，报文增加后缀，无语音告警。之后若第 N 次与 $N-1$ 次动作时间间隔始终小于 1min，则一直采取这种无语音有后缀的告警方式，并且该报文一直保留在告警窗，报文中的累计动作次数实时变化。监控频发信息智能识别告警方式示意如图 2-12 所示。

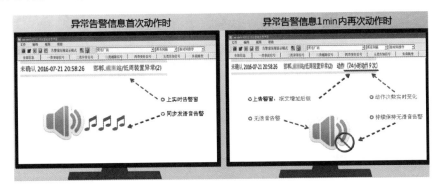

图 2-12　监控频发信息智能识别告警方式示意

2. 一种综合治理功能

（1）**精确统计，智能排序**。综合考虑监控信息类别、频发次数、持续时间、重要程度等因素，按照不同权重比例计算后进行综合排序，以表格化、图形化进行展示，可以帮助专业人员有针对性地开展消缺治理工作。频发监控信息综合排序计算见式（2-1），频发监控信息综合排序及图形展示如图 2-13 所示。

$$S = (30C + 30N / N_{\max} + 30T / T_{\max} + 10M) / 100 \times 100\% \qquad (2-1)$$

式中　S——某频发监控信息用于排序的计算数值。

C——某频发监控信息的信号类别，包括事故、异常、越限、变位和告知共五类，对应权重依次为 100%、80%、60%、40%、20%。

N——在统计周期内某频发监控信息实际动作次数。

$N_{\max}$——统计周期内所有频发监控信息中实际动作次数最多的次数。

T——在统计周期内某频发监控信息的持续动作时间。

$T_{\max}$——统计周期内所有频发监控信息的持续动作时间中最长的时间。

M——某频发监控信息的重要程度，按所属的电压等级分为 1 级。（220kV）、2 级（110kV）、3 级（35kV）、4 级（10kV 及以下），对应的权重依次为 100%、75%、50%、25%。

（2）系统验收，安全把关。系统可以按照不同周期、不同类别对已经消除的监控信息频发缺陷的复发情况进行审核验收，并将存在复发情况的频发监控信息以列表展示，明确复发次数和周期，可以帮助监控员提升缺陷验收质量，评定检修维护人员消缺工作质量。频发监控信息消缺后复发统计表截图如图2-14所示。

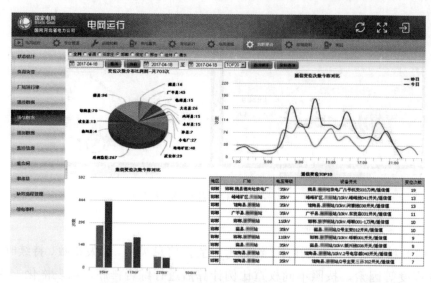

图2-13　频发监控信息综合排序及图形展示

图2-14　频发监控信息消缺后复发统计表截图

（3）自动识别，指导处置。专业人员消缺后，将缺陷消除方法和具体情况录入系统。日后不同厂站的同一类别或型号的设备出现类似监控信息频发缺陷时，系统通过识别和判定，可以自动提示出处置策略和方法，可以有效地帮助专业管理人员消除家族型缺陷，提升工作效率。频发信息家族类缺陷自动关联及查询查看如图 2-15 所示。

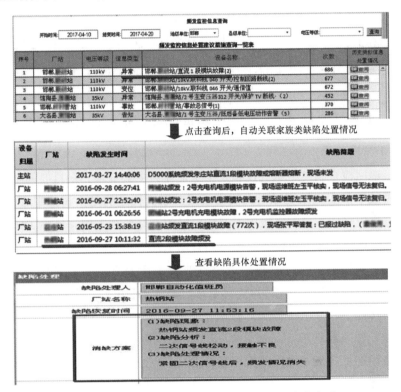

图 2-15　频发信息家族类缺陷自动关联及查询查看

（三）应用成效

通过创新应用该成果的四项智能告警技术，保证监控员能够快速地识别和精确掌控各类监控信息频发情况，既消除了报文刷屏和海量语音的干扰，又有效避免了重要频发信号失去监控的情况，切实做到了频发监控信息发现率和处置率 100%；通过创新应用综合治理功能，树立电网运行大数据应用分析理念，科学采用信息频发数据查询、统计、对比、关联等方法，为频发信息消缺治理工作提供数据支撑和策略指导，有利于家族类缺陷的处置，能够提高消缺工作质量，提升缺陷处置效率，避免缺陷重复发生。

在经济效益方面，应用该成果后，年均可节省监控员信号确认及统计频发信号时间 1095h，每小时成本按照 50 元计，该成果每年节约人工成本 5.5 万元。通过科学统计、对比、关联频发信号后，运检人员可以有针对性地更换设备备件，提高设备利用率，减少库存 300 余万元，减少厂家现场维护 65 次，降低人工维护费 20 余万元，年均产生直接经济效益 325.5 万元。

在社会效益方面，应用该成果后，有效提升了电网监控工作质量，提高了供电可靠性，保障了正常的生产生活秩序，避免了设备停电对社会和企业造成的负面影响。

二、基于"互联网+"的变电站智能巡检机器人监测系统

（一）技术背景

设备巡回检查制度是电气设备安全保证体系中最基本、最重要的制度之一。大运行模式下，变电站实行无人值班模式，取而代之的是由调控中心值班监控员在远方集中完成本电网区域内所有变电站的运行监视工作。实际工作中发现，这种运行管理模式在变电设备巡检方面有以下几点不足：

（1）工业视频系统功能不满足设备巡检工作要求。工业视频系统的摄像头数量有限，邯郸电网中 220kV 变电站一般只有 16～18 个摄像头，110kV 变电站一般只有 7～10 个摄像头；另一方面受摄像头装设位置不合理、后期维护不到位等多种因素制约，视频系统在实际应用中存在黑屏、死画面、卡滞、有巡视死角等不足之处，直接造成设备巡视工作无法正常开展。另外，工业视频摄像头的像素还不能满足在远距离下查看清楚装置屏上的信息。工业视频画面脏污、卡滞、分辨率低分别如图 2－16～图 2－18 所示。

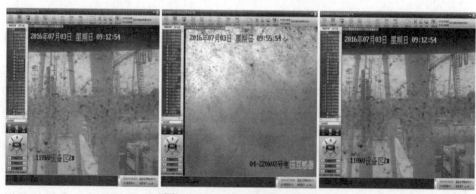

图 2－16　工业视频画面脏污

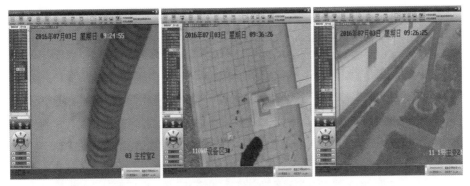

图 2-17 工业视频画面卡滞

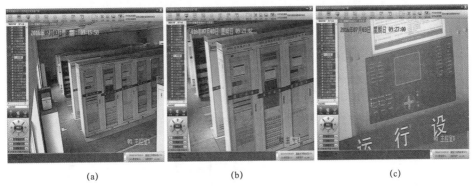

(a)   (b)   (c)

图 2-18 工业视频画面分辨率低

(a) 远景；(b) 中景；(c) 近景

（2）运维人员现场巡视次数有限，无法实现实时巡检要求。变电站实行无人值班模式后，无法实现实时巡检。规程规定，220kV 变电站每周计划性巡视一次，110kV 变电站每两周计划性巡视一次，巡视次数仅能满足设备安全运行的最基本要求。临时需要现场巡视设备时，还需要运维人员驱车数十千米到站，效率低、成本高，所以现场运维人员巡检存在周期长、频次低和成本高的缺点。

（3）变电站发生事故或比较严重的设备缺陷时，多数情况下无法及时开展设备巡检工作。例如，变电站室内配电装置发生爆炸、火灾等事故时，伴随有浓烟、巨响，还有发生二次爆炸的可能，因此这种情况下，为保证人身安全，即使现场有人也无法第一时间到设备区进行设备巡检，造成人员对现场设备故障情况不掌握，相关事故处理工作无法正常开展。

（4）传统巡检机器人具有适用局限性。传统巡检机器人一般用于 500kV 变电站常规巡检，只能当地控制，需要运维人员到达现场，且工程造价高，不适于在地区电网推广应用。传统巡检机器人价格高昂，如图2-19所示。传统巡检机器人常规巡检如图2-20所示。

图2-19　传统巡检机器人价格高昂

图2-20　传统巡检机器人常规巡检

（二）技术内容

1. 方案思路

基于"互联网+"的变电站智能巡检机器人应用于变电站的巡视监测，代替运行人员进行巡视检查，机器人可以携带红外热像仪、可见光 CCD、拾音器等检测与传感装置，以自主和遥控方式 24h、全天候地完成高压变电设备的巡测，及时发现异物、损伤、发热、漏油等内、外部机械或电气异常，准确提供变电设备事故隐患和故障先兆诊断分析的有关数据，大大提高变电站安全运行可靠性。

构建变电站智能机器人监测系统，包含智能巡检机器人、机器人室、通信系统、本地监控后台、远程集控后台。变电站智能巡检机器人对变电站室内外设备进行自主巡检与数据采集；机器人室方便机器人提供充电及储存；通过无线通信系统，将巡检数据实时传输至本地监控后台，完成数据的分析处理及预警、告警等功能；通过远程集控后台实现系统远程集控管理。

（1）智能机器人：机器人具备自主导航、定位、充电、巡检功能，应用红外热成像和高清视频双视技术，可准确识别设备状态，及时发现设备缺陷，提高设备巡视效率。

（2）本地监控后台：机器人本地监控后台通过站内通信系统，与机器人进行双向信息交互，实现站端对机器人的控制、监视；同时实时掌握机器人回传的变电站设备和机器人本体状态数据。

（3）远程集控平台：各级单位可通过高度人性化和扩展性强的远程综合管理平台，实现对辖区内多个变电站和多台机器人的实时管理与监控，实时掌握站内设备数据，为电力运营决策提供有效依据。

2. 智能机器人总体结构

智能巡检机器人总体结构如图 2-21 所示。采用无线的通信设备连接巡检机器人的基站系统和移动站系统，实现巡检数据的远传和基站命令的遥控。在此基础上，能够方便地接入电力系统生产专用的光纤通信网络，实现与调度中心的数据交换，网络通信设计如图 2-22 所示。

在巡检机器人监控主站由运行人员下发巡视任务或者由基站系统自动下发巡视任务，来启动巡检机器人进行工作；巡检机器人通过局部规划移动到巡视任务中的停靠点，并且在停靠点停车；向基站系统发送到达停靠点的信息，根据配置文件中停靠点的信息下发预先设置的巡视命令，巡检机器人通过移动云台对巡视设备进行精确定位，从而进行设备的可见光和红外成像检测；巡检机器人及时保存并上传所巡视设备的可见光图像和红外图像，如果发现检测设备温度超过预定的最高温度则向运行人员发出警报；机器人检测完毕后，基站向巡检机器人下发此停靠点巡视完毕的指令。

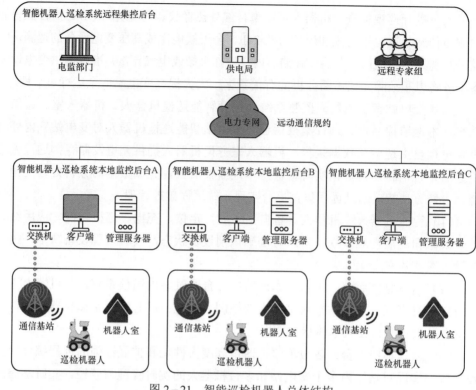

图 2-21　智能巡检机器人总体结构

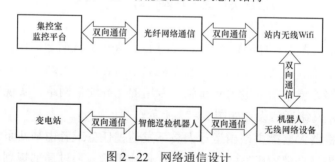

图 2-22　网络通信设计

3. 系统硬件设计

机器人本体系统是整个巡检机器人系统的移动载体和信息采集控制载体，主要包括两大模块：机器人本体模块和控制检测模块。机器人本体系统主要完成机器人的运动控制、图像处理、红外采集、可见光采集、电机驱动控制、云台控制、移动定位、网络通信等功能，多传感器信息融合技术在巡检机器人领域中得到了广泛应用。机器人本体控制程序是基于 WINCE 嵌入式实时多任务的操作系统，采用 C++面向对象编程语言开发设计，主要负责采集定位信息的采集与处理，根据监控主站的控制命令，控制机器人的运动，并上传机器人的状态信息和传感器的数据。控制检测模块如图 2-23 所示。

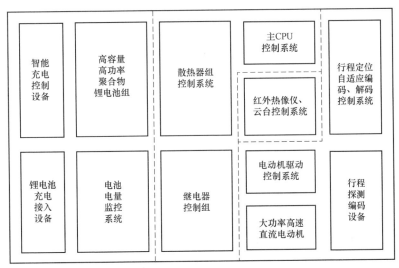

图 2-23　控制检测模块

（1）本体模块。智能巡检机器人本体模块由驱动机构、底盘、充电机构和外壳等几部分组成。

1）驱动机构。驱动机构实现了机器人的移动和定位。机器人的驱动机构为轮式结构，前面的两轮为驱动轮，由一个电机驱动；后面的两轮为随动轮。该方案结构简单，易加工，四轮内侧分别突出 2cm，在限速的情况下转弯性能好，没有侧滑，并且适应性强，便于机器人控制系统的设计。

2）底盘。底盘是一个具有承载力的钢板，底部有开口，安装风扇后，解决了高温环境下的散热问题。

3）充电机构。为了实现巡检机器人的自主充电，可靠运行，便于控制的目的，采用一个直流电机驱动齿条做前后往复运动，齿条带动充电电极进行运动，与安装在机器人停靠小屋内的、离地面有一定高度的充电极板进行接触，从而充电。为了解决在高温、高湿环境下充电机构关键部件的氧化、腐蚀等问题，充电插片和充电极板都采用了铁合金的材料。

4）外壳。巡检机器人的外壳造型设计所依据的原则是：满足功能的需求、符合人机关系的原理、贯彻有关行业和国家的标准、以实现功能为主兼顾结构的要求，表现形体美和工艺美，设计创新具有自主产权。要求机器人的外壳防护等级不低于 IP53。机器人采用轮式驱动方式，两驱动轮在前，随动轮在后的结构，其内部安装有硬件、信号发射与接收等部件。为了便于外壳的拆装和维护，机器人的造型分为了三个部分：前部为装饰面板，可以从前面取下；中间为主壳体，用于安装保护内部的各种部件；后面为后壳体，可以自后部拆下，以便于内部部件的安装和维护。

（2）控制检测模块。控制检测模块可以分为四个模块：工控机控模块、电源管理模块、运动控制模块和云台检测模块。

1）工控机控模块。工控机控模块由主 CPU 控制系统、继电器控制组和散热器组控制系统组成。主 CPU 控制系统是机器人中枢神经控制器，控制协调机器人各个子系统，与上位机各项数据交换，完成相应功能，实现智能巡检；继电器控制组用来接收主 CPU 控制系统发出的控制命令，协调各个系统完成控制任务，实现控制功能；散热器组控制系统从而监控机器人内部各系统工作温度，达到触发条件时启动散热设备，保证各系统正常工作温度。

2）电源管理模块。电源管理模块由高容量高功率聚合物锂电池组、电池电量监控系统、智能充电控制设备和锂电池充电接入设备组成。电源管理模块用来实现电池的充放电控制，电池的电压、电流和电量的采集和电池的保护功能，同时为其他各个模块提供电源，是整个机器人系统的心脏部分。

3）运动控制模块。运动控制模块包括大功率高速直流电动机、电动机驱动控制系统、行程定位自适应编码、解码控制系统以及行程探测编码设备。

电机驱动控制系统接收主 CPU 控制指令，驱动电机变速运行，实现机器人快速启动、稳速行进、慢速停止等功能；大功率高速直流电机为机器人提供所需的牵引能力，保证机器人各项行进运行；行程定位自适应编码、解码控制系统则用来监控机器人行进路程，接收行程探测编码设备发来的不同巡检点的编码标识，校检编码标识，若出现误码，改变编码规则，同时将解码后的巡检点位置标识发送至主控 CPU 控制系统；行程探测编码设备按照行程定位自适应编码、解码控制系统发来的编码规则对不同巡检点的位置进行编码，探测到相应巡检位置时，将位置编发发送至行程定位自适应编码、解码控制系统。

4）云台检测模块。巡检机器人检测功能的实现主要是由红外热像仪和云台控制系统完成的。云台检测系统采用双通道，可见光通道和红外通道，可见光通道用于监测电气设备视频监控可视化情况，红外通道用于监测电气设备发热所形成的热温度图像。本系统的核心器件是普通 CCD 和红外 CCD，为了使它们所观测到的空间区域尽可能一致，把 2 个 CCD 摄像头左右平行紧凑放置于防护罩内使之结合成一体机，多方位旋转控制是用云台来完成的。红外辐射和可见光经过各自光学系统的收集及处理，分别进入红外 CCD 和可见光 CCD，将光信号转换成视频信号。然后，用图像采集卡进行采集、压缩，经 A/D 转换后变成数字视频信号，然后进入计算机进行显示和处理。客户端从计算机的 RS–232 串口发出控制命令，经串口转换器变成符合 RS–485 标准的命令，利用解码器对 CCD 和云台进行控制。

4. 系统总体软件设计

系统总体软件依照功能可以划分为四个模块：人机交互界面、控制模块、图像检测模块、信息管理模块。考虑到系统各项功能、组成结构、后期扩展性要求和开发环境的方便程度，本系统的软件开发采用面向对象的模块化程序设计方法，已现在通用的 Windows 操作系统作为运行平台，使用 Microsoft Visual Studio 作为开发工具，开发客户端软件界面和服务器端程序。软件设计架构如图 2–24 所示。

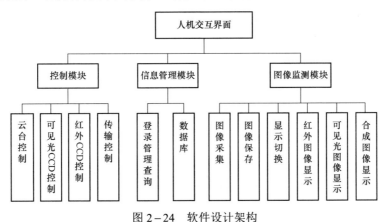

图 2–24　软件设计架构

（1）人机交互界面：是系统最上层，是用户操作界面管理的核心，操作人员通过按钮对软件界面系统进行各项操作。由于人机交互界面是最上层，所以相应的调用下层功能模块以实现操作指令。

（2）控制模块：利用解码器可分别实现对云台的上下左右移动和对可见光（红外）CCD 光圈大小调整、镜头伸缩调整等。实现对前端 CCD 的控制和机器人各功能传输控制。

（3）图像监测模块：是分别对红外温度图像和可见光图像的监测，包括图像信息的采集、保存，红外温度图像显示、可见光图像显示、红外图像与可见光图像的匹配处理、匹配后合成图像的显示和显示窗口的切换等。图像监测模块可随时对图像数据库中保存的图像进行查询。

（4）信息管理模块：客户端用户进行登录、管理、查询。完成系统参数设置、系统配置和代理服务等功能，并提供常见材料发射率的查询等。

（三）应用效果

（1）实现全天候无障碍巡检。应用"互联网+远程遥控技术"，能够彻底摆脱对运维人员的依赖，主站可以根据设备运行状态需要，通过远程遥控机器人实时启动设备巡检工作。

（2）实现全方位高质量巡检。工业视频系统摄像头为固定位置安装，且摄像头数量有限，同时受设备质量、安装维护等因素影响，在实际应用中视频系统存在巡视死角、画面黑屏、镜头脏污、控制卡滞等缺点。常规机器人为就地控制、固定路线的巡检模式，难以实现全方位无死角巡检。"互联网+远程遥控机器人"具有卫星定位、防碰撞、防侧翻、红外热成像、高清视频双视等技术，能够根据工作需要加以灵活控制，实现无死角、全方位、高质量巡检。

（3）实现大数据高精度巡检。应用大数据理念研发设计主站监控后台各项功能，能够将机器人在现场采集上传的数据和信息分类汇总保存，通过应用数据智能分析、画面自动比对等技术，进行设备故障先兆诊断，依据诊断结果可采取有效预控措施，有效提升设备运维水平。

第三节　电网运行监视典型案例解读分析

一、典型案例 1：倒闸操作伴生信号夹杂设备异常信号造成误判

1. 案例内容

某 220kV 变电站检修试验，当日 6:00 开始执行设备由运行转检修操作，操

作过程中主站 D5000 系统发出大量的因现场操作引起的伴生告警信号。

7:09，该站的"102 开关控制回路断线"信号动作，混杂在该站因操作引起的其他伴生信号之中。值班监控员发现后，判断该信号与其他信号一样均属于操作引发的伴生信号，无需进行处理，随即只是进行了人工确认信号的操作，而未启动设备异常处置流程。

16:08，保护人员在现场工作期间发现 102 开关控制回路断线异常情况，因 102 开关当日非检修设备，而是供一条母线的运行设备，随即与调控中心值班监控员核实主站信号动作情况，才发现信号误判情况。

2. 管控措施

电网倒闸操作期间，会发出大量的伴生信号，此时如果运行设备的异常告警信息夹杂在其中，则极易造成人员误判断和误处置，因此要求监控员做好以下几点工作：

（1）全面掌握电网检修计划安排和倒闸操作实时进度，运行监视过程中，要提高警惕，注意核实区分信号类别，防止误判。

（2）现场倒闸操作完毕，监控员应及时与站端人员核对全站设备运行方式和异常告警信号动作情况，以便及时发现和纠正信号遗漏情况。

（3）进行交接班时，交班人员和接班人员应对 D5000 告警窗中的异常告警信号进行分别核实确认，防止误判。

二、典型案例 2：认真巡视、消除隐患，避免设备故障停电

1. 案例内容

2 月 2 日 11:10，监控员通过 D5000 系统巡视，在海量数据当中发现 220kV ××线两侧三相电流不平衡的异常情况。经检查发现当时××线甲站 A、B 两相电流 100A（近 2 日曲线在 20～150A 之间），C 相电流为零且无变化。××线 B 站 C 相电流为 12A 基本无变化，随即通知运维人员到站检查。

13:50，运维人员到站后检查一次设备正常，后台和监控显示一致，未发现异常。

13:50，220kV××站落实单电源措施。

15:01，将××站 2 号主变压器倒 1 号母线后，由母联 201 开关串带拉开××线 234 开关，在操作过程中××线返送甲站 220kV 2 号母线时出现母线 C 相电

压互感器二次电压不稳定现象。

停电后验证了甲站 234 间隔（GIS 设备）内部存在断点的判断。经现场直阻试验发现甲站 234－5 隔离开关 C 相已经断路，解体后发现隔离开关因出厂调整不到位、动静触头接触不好并在长时间的运行中因发热而烧断，234－5 隔离开关 C 相隔离开关受损导电部分更换复装后恢复正常。

2. 管控措施

（1）D5000 系统配合设备改造和新设备投产逐步接入了设备三相电流，为本次通过异常数据发现设备隐性缺陷提供了强有力的技术支撑。

（2）监控员认真负责、精心巡视，充分利用全电网数据进行精准专业分析，主动隔离故障设备，从而避免了一次 220kV 系统设备故障掉闸，消除了春节保电期间主网的设备隐患。

第三章

故 障 异 常 处 置

第一节　电网故障异常处置概述

　　电力系统由发电机、变压器、输电线路及负荷组成。正常情况下，系统以及各类组成元件处于正常运行状态，但也可能出现故障或异常运行状态，其故障有以下几种：发电机异常及故障、输电线路异常及故障、开关异常及故障、母线异常及故障等。故障发生的原因有电气设备绝缘材料老化或机械损伤、雷击引起过电压、自然灾害引起杆塔倒地或断线、鸟兽跨接导线引起短路、运行人员误操作等。随着电力系统的规模越来越大，结构越来越复杂，故障产生不可避免。各类故障如果不能及时、正确地处置，将可能造成电气设备严重损坏或寿命缩减、电网稳定破坏、系统瓦解、大面积停电，甚至引发重大公共安全事故。因此，电网发生故障异常后，值班调控员应第一时间正确处置，消除故障根源，保持电网安全稳定运行和电力持续供应。

一、地区电网常见故障类型及特点

　　（1）输电线路故障。输电线路是电网的基本组成部分，由于其分布范围广，常面临各种复杂地理环境和气候环境的影响，当不利环境条件引发输电线路或杆塔故障时，就会直接影响线路的安全可靠运行，严重时甚至会造成大面积停电事故。输电线路的故障主要有雷击跳闸故障、外力破坏故障、鸟害故障、线路覆冰及导线的断股、断线、损伤和闪络烧伤故障等。

　　（2）变电设备故障。变电站是电力系统中进行电压变换、功率汇集、分配电能的场所。变电站设备分为一次设备和二次设备。一次设备主要包括主变压器以及不同电压等级的各类开关、断路器、电容器等；二次设备主要包括测控装置、保护装置、远动通信设施等。变电设备常见故障类型断路器异常及故障、隔离开关发热、避雷器异常及故障、保护测控装置异常及故障、直接系统接地异常及故障等。

（3）母线故障。母线是电能汇聚和分配的重要设备，是电力系统的重要组成原件之一。母线发生故障，将使接于母线的所有元件被迫切除，造成大面积用户停电，电网结构遭到严重破坏，甚至使电力系统稳定运行破坏，导致电力系统瓦解，后果是十分严重的。母线常见的故障有：母线绝缘子和断路器套管的闪络、装于母线上的电压互感器和装在母线和断路器之间的电流互感器的故障、母线隔离开关和断路器的支持绝缘子损坏、运行人员的误操作等。

二、电网异常故障处置管理规定

（一）故障处置原则

（1）迅速限制故障发展，消除故障根源，解除对人身、电网和设备安全的威胁。

（2）调整并恢复正常电网运行方式，电网解列后要尽快恢复并列运行。

（3）尽可能保持正常设备的运行和对重要用户及厂用电、站用电的正常供电。

（4）尽快恢复对已停电的用户和设备供电。

（二）故障处置要求

（1）电网发生故障时，调控机构值班调度员应结合综合智能告警信息，监视本网频率、电压及重要断面潮流情况，开展故障处置。

（2）电网发生故障时，值班监控员、厂站运行值班人员及输变电设备运维人员应立即将故障发生的时间、设备名称及其状态等概况向相应调控机构值班调度员汇报，经检查后再详细汇报相关内容。值班调度员应按规定及时向上级调控机构值班调度员汇报故障情况。

（3）故障处置期间，为防止发生电网瓦解和崩溃，值班调度员可以下达下列调度指令：

1）调整调度计划，包括发输电计划、设备停电计划。

2）调用全网备用容量，进行跨区、跨省支援。

3）调整发电机组有功或无功出力，启停发电机组。

4）下令停运设备恢复送电或运行设备停运。

5）采取拉限电等措施。

6）采取其他调整系统运行方式的措施。

（4）为防止故障范围扩大，厂站运行值班人员及输变电设备运维人员可不待调度指令自行进行以下紧急操作，但事后应立即向相关调控机构值班调度员汇报：

1）将对人身和设备安全有威胁的设备停电。

2）将故障停运已损坏的设备隔离。

3）厂（站）用电部分或全部停电时，恢复其电源。

4）厂站规程中规定可以不待调度指令自行处置者。

三、电网故障处置工作流程

电网是由厂站、输电线路组成，厂站由断路器、隔离开关、母线、变压器、发电机、电容器、负荷线路等设备组成。厂站之间通过输电线路连接关系形成网络，电气设备之间以断路器和隔离开关连接关系构成厂站系统。电力系统发生故障后，由变电站或相应调控机构的值班人员电话汇报保护动作情况和开关跳闸情况，并到跳闸设备处查看设备故障情况。处理故障时根据电网故障后运行方式和电网的拓扑结构及处理规程等制定故障恢复方案，并通过遥控操作或电话下发通知的方式完成事故处理的倒闸操作以及恢复送电等工作。总结起来总共分为八步，即地区电网典型八步故障处理法，如图3-1所示。

四、电网故障异常处置安全风险防控措施

国家电网有限公司《电网调度控制运行安全风险辨识手册》中，对电网故障异常处置从调度和监控两个专业分别进行了全过程风险辨识，并针对性地制定了安全防范措施。调度故障及异常处理安全风险辨识见表3-1，监控故障及异常处理安全风险辨识见表3-2。

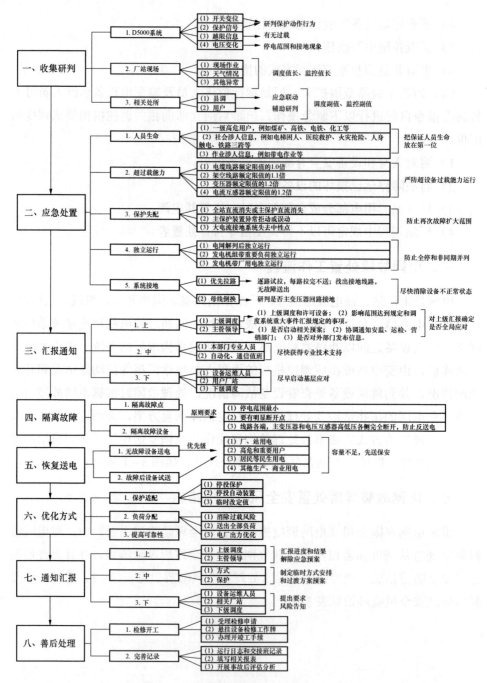

图 3-1　地区电网典型八步故障处理法

表 3-1　　　　　　　　　　　　调度故障及异常处理安全风险辨识

序号	辨识项目	辨识内容	辨识要点	典型控制措施
1	故障信息收集与判断	是否因未及时全面掌握异常或故障信息，导致故障处置时误判断、误下令	是否掌握信息、准确判断	仔细询问现场设备状态、运行方式、保护及自动装置动作情况；在未能及时全面了解情况前，应先简要了解故障或异常发生的情况，及时做好应对措施和对系统影响的初步分析；故障处置时应进一步全面了解故障或异常情况，核对相关信息
2		异常或故障处置时，是否因未及时全面掌握当地天气和相关负荷性质等情况，导致故障处置不准确	是否关注天气和负荷	应及时了解故障地点的天气情况；应了解相关损失或拉路负荷的性质
3		在处理电网发生故障或异常时，是否因不清楚现场运行方式盲目处理，导致误操作或故障扩大	是否核对现场，故障时掌握电网运行方式	仔细询问现场设备状态、运行方式及保护动作情况；根据已掌握的信息和分析，按故障处置原则进行故障处置；随时掌握故障处置进程及电网运行方式变化
4	故障的配合处理	故障范围属于上级或下级调度操作范围，是否因未及时汇报或未及时配合处理，导致故障扩大	是否按设备管辖范围处理	准确掌握各级调度操作管辖范围；按设备管辖范围及时汇报上级调度；根据故障处置需要进行协助、配合故障调查处理
5	事故预想及故障应急处置方案	是否存在因未根据负荷变化、气候、季节及现场设备检修情况等做好事故预想，故障应急处置方案不熟悉，导致系统发生故障时不能正确应对，造成误下令或故障扩大的情况	是否做好事故预想，熟悉故障应急处置方案	应根据负荷、天气等变化，做好当班事故预想及危险点分析；熟练掌握各种故障的处理预案
6	故障处置时稳定控制	是否存在因故障方式下电网稳定限额控制要求不清楚，未及时调控电网潮流（电压），导致故障扩大的情况	故障后是否稳定限额控制	熟悉典型故障方式下的稳定控制要求；及时调整有关线路及断面潮流
7	及时调整安全自动装置	是否存在因对故障情况下电网安全自动装置调整原则不熟悉，未及时根据故障后运行方式调整安全自动装置，导致安全自动装置动作引起故障扩大的情况	是否熟悉安全自动装置调整原则	熟悉各种故障方式下电网安全自动装置调整原则；及时根据故障后运行方式调整安全自动装置
8	拉限电	是否因异常或故障处置时，拉限电力度不够或在错误的地方拉限电，造成线路或断面潮流持续越限，引起故障扩大的情况	下达拉限电指令是否及时、正确	熟悉电网潮流转移情况和潮流走向；拉限电应及时、正确、有效；拉限电应按照批准的拉限电方案执行
9	故障紧急停机	异常或故障处置时，是否因错误发布故障紧急停机组指令，造成线路或断面潮流持续越限，引起故障扩大	下达故障紧急停机指令是否及时、正确	熟悉电网潮流转移情况和潮流走向；下达故障紧急停机指令应及时；下达故障紧急停机指令应正确

续表

序号	辨识项目	辨识内容	辨识要点	典型控制措施
10	特殊接线、特殊设备的操作要求	异常或故障处置时，是否因恢复方案没有考虑特殊接线、特殊设备等对操作的特殊要求，导致误令或故障扩大	是否执行特殊接线、特殊设备的操作	熟悉电网中的特殊接线方式、特殊设备及操作的特殊要求
11	故障处置操作的规范性	异常或故障处置时，是否因下令不准确，导致误令或故障扩大	故障处置步骤是否正确	操作步骤正确；下发口头操作指令前，应慎重考虑操作令的准确性及操作结果；必要时应拟写正式口令操作指令票
12	故障处置原则的熟悉程度	异常或故障处置时，是否因对系统频率异常、电压异常、系统振荡、联络线和联络主变压器多重故障、系统解列等故障的处理原则不熟悉，导致误下令或电网故障扩大	是否熟悉调度规程中各种故障处置的原则	熟练掌握系统频率异常、电压异常、系统振荡、联络线和联络主变压器多重故障、系统解列等异常与故障处置原则；尽快隔离故障点，消除故障根源；送电前应判明保护动作情况，了解故障范围；尽可能保持设备继续运行，保证对用户连续供电；尽快恢复对已停电用户的供电，特别是厂用电和重要用户的保安电源调整运行方式，使系统恢复正常
13	故障处置时的现场环境	是否因故障处置时嘈杂的现场环境不利于当班调度员的故障处置，造成误调度、误操作	故障处置时调度现场是否保持良好的环境	故障处置除有关领导和专业人员外，其他人员均应迅速离开调度现场。必要时值班调度员可以邀请其他有关专业人员到调度现场协助解决有关问题。凡在调度现场的人员都要保持肃静；排除非故障单位的干扰，以免影响故障处置

表 3-2　　　　　　　　　监控故障及异常处理安全风险辨识

序号	辨识项目	辨识内容	辨识要点	典型控制措施
1	异常或故障信息收集与判断	是否因未及时全面掌握异常或故障信息，导致汇报不全面，影响调度员对故障、异常的判断和处理	检查异常或故障信息汇报是否全面、初步判断是否准确	仔细核对监控系统中告警时间、设备状态、运行方式、保护及自动装置动作情况等，对故障或异常信息进行初步分析和判断，立即向调度员汇报，并及时通知操作班到现场检查；现场综合自动化设备通信或站端通道中断亦或主站原因导致无法对现场设备监控时，应将监控权移交给现场运维人员
2	事故预想及故障应急处置方案	是否因未根据负荷变化、气候、季节及现场设备检修情况等做好事故预想，故障应急处置方案不熟悉，导致系统发生故障时不能正确应对，造成信息判断不准确或误判	是否做好事故预想，熟悉故障应急处置方案	应根据负荷、天气等变化，做好当班事故预想及危险点分析；熟练掌握各种故障的处理预案；定期开展电网反事故演习及应急演练

第二节　电网故障异常处置新技术

一、电网单相接地智能诊断及立体化告警技术

（一）技术背景

小电流接地系统单相接地故障（以下简称单相接地）是 35kV 及以下电压等级电网中经常发生的一种异常情况。据统计，2013 年邯郸电网 127 座 220kV 和 110kV 变电站共发生 579 次小电流系统单相接地故障。发生单相接地故障时，继电保护不能自动快速识别和切除接地设备，一般只能通过采取人工逐条试拉分路的方法查找接地点。另一方面，单相接地故障会造成系统三相电压异常，甚至有可能造成主设备损坏而严重影响电网安全稳定运行。因此规程规定"单相接地故障运行时间不得超过 1h"。这样一来，能否第一时间发生发现单相接地故障情况显得至关重要，如图 3-2、图 3-3 所示。

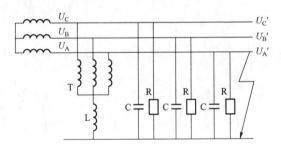

图 3-2　小电流接地系统单相接地故障示意

图 3-3　单相接地故障引起的电压互感器烧坏示意

（二）技术现状

实际工作中我们发现，在变电站集中监控模式下，单相接地故障处置工作存在以下难点：

（1）部分变电站由于设备存在缺陷，当发生单相接地故障时，自动化不能自动发出接地告警信息。如图3-4、图3-5中110kV××站，由于电压互感器未采集开口角电压，当10kV母线发生单相接地时，监控机不发接地告警信息，只有三相电压发生变化，因此监控员无法及时发现单相接地情况，直接造成系统长时间接地运行。

（2）监控机接地告警信息展示方式不够充足和完善。自动化系统中，单相接地时只是采取了单条报文和语音告警方式，直观性不强，尤其是在多站监控信息集中频繁发生时，特别容易造成监控员对接地信息的遗漏，从而造成无法及时开展接地处置工作，如图3-6所示。

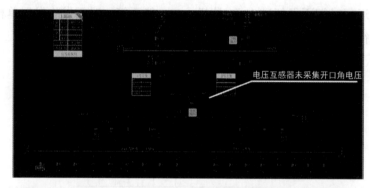

图3-4　110kV××站系统图（电压互感器未采集开口角电压）

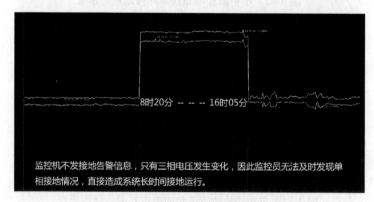

图3-5　110kV××站10kV母线三相电压图

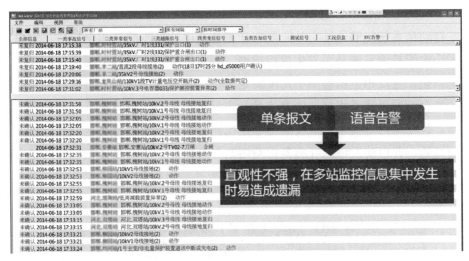

图 3－6　单条报文和语音告警方式图

通过实时统计 35kV 及以下电压等级线路的单相接地次数，一方面可以为单相接地处理提供辅助决策，另一方面可以为线路运行维护提供实时资料。但接地次数的统计只能由人工手动录入完成，人工维护工作量大，容易发生接地信息漏统计情况，线路接地次数统计正确率不高，并且查询信息相对繁琐（需在管理机上查看 Excel 文件）。接地次数人工统计表截图如图 3－7 所示。

目录

10kV1号母线（单母线分段）

拉路序列	线路双重编号	负荷性质	拉路方式	接地、跳闸统计	总次数
1	1号电容器047		直接试拉	接0次，跳0次	0
2	3号电容器049		直接试拉	接0次，跳0次	0
3	通达一路039		同意后拉路	接1次，跳0次	1
4					
5					
6					

10kV2号母线（单母线分段）

拉路序列	线路双重编号	负荷性质	拉路方式	接地、跳闸统计	总次数
1	2号电容器034		直接试拉	接0次，跳0次	0
2	4号电容器026		直接试拉	接0次，跳0次	0
3	丛台东040		同意后拉路	接1次，跳4次	5
4	滏东开闭锁042		同意后拉路	接0次，跳2次	2
5	2号所变02		同意后拉路	接0次，跳1次	1
6					

图 3－7　接地次数人工统计表截图

（三）技术内容

1. 单相接地故障智能自诊断功能

自动化系统能够通过实时监测和计算各变电站母线的三相电压值，来自行诊断小电流接地系统是否发生单相接地。当母线一相电压越下限值，两相电压越上限值，且三相电压值不平衡度满足一定比例时，则判断该母线发生单相接地，并自动发母线单相接地告警信号；当母线一相电压越下限值，两相电压值正常，且三相电压值不平衡度满足一定比例时，则判断该母线电压互感器发生保险熔断，并自动发电压互感器保险熔断告警信号；当母线三相电压均越上限值时，则判断该母线发生高频谐振，并自动发高频谐振信号，如图 3-8、表 3-3 所示。

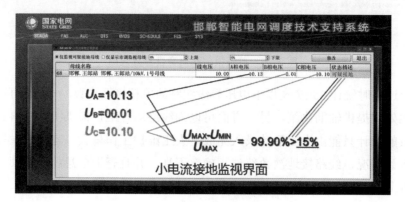

图 3-8　单相接地故障自诊断监视界面

表 3-3　　　　　　　　　　其他可判断的故障类型及判断条件

故障类型	判定条件
电压互感器保险熔断（A 相）	$U_a=0$，U_b 不变，U_c 不变
系统谐振	1. 一相或两相电压升高超过线电压，其他相降低但不为 0（分频谐振）； 2. 三相电压轮流升高，超过线电压（基波谐振）； 3. 三相电压同时升高，均超过线电压或一相升高超过线电压另两相降低（高频谐振）
线路单相断线（A 相）	1. U_a 升高（小于 U 相的 1.5 倍），U_b、U_c 降低（大于 U 相的 0.866 倍）； 2. $I_a=0$，I_b、I_c 增大

2. 单相接地故障动态立体化告警功能

电网发生单相接地故障时，自动化系统可发出与其他异常信息明显区别的告警音响，且该告警音响只有在人工确认后才能停止。同时，自动化系统还可自动弹出一个母线单相接地列表。该列表正常时处于隐藏状态，当发生单相接地时，该列表能够自动弹出，并在监控画面最上层显示。人工确认单相接地告警信息前，该列表始终处于动态闪烁状态，人工确认后方可停止闪烁，如图3－9所示。

图3－9　母线单相接地列表及告警音响示意

3. 单相接地故障次数自动统计和辅助决策功能

自动化系统能够自动统计和累加计算设备的接地次数，并呈列表显示。接地次数自动统计原理：当某一线路断路器分闸变位信息与该线路所在母线单相接地复归信息同时发生时，系统即可自动记录该线路单相接地一次，并自动进行接地次数累计。通过查阅该列表，一方面可为单相接地处理提供辅助决策（相同拉路条件下，优先拉开接地次数较多者），另一方面可为线路检修维护工作提供实时运行参考数据，如图3－10所示。

（四）安全控制措施

（1）前期准备阶段：为保证该成果安全应用，前期对各项功能进行了反复试验和多次测试，确认单相接地故障智能诊断和综合告警功能逻辑严谨、程序正确、动作可靠后，再将相关程序植入自动化系统。

（2）试验运行阶段：采取 D5000 双系统同步运行，其中一套 D5000 系统植入单相接地故障智能诊断和综合告警功能，另一套 D5000 系统保持原有功能不变。试运行过程中，当发生单相接地故障时，要求值班监控员同步对比两套自动化系统告警信息是否一致、正确。在对试运行情况进行综合评定，确认功能正确无误后再加以实际应用。

（3）正式运行阶段：建立单相接地故障智能诊断和综合告警功能实时监测、缺陷处理和功能完善的科学机制，不断提升和完善相关功能。

图 3-10　母线单相接地自动统计界面

（五）应用成效

（1）实现了自动化系统单相接地故障报警率 100%。通过研发和应用自动化系统单相接地自诊断功能后，有效解决了邯郸电网王郎、马区、清城等 15 座变电站的 17 条母线单相接地时，监控机不发告警信号的难题，实现了全网单相接地故障自动化系统报警率 100%。

（2）实现了监控员发现单相接地故障及时率 100%。通过研发和应用综合告警功能，增强了监控员对单相接地告警信息的视觉冲击，特殊语音告警功能，增强了监控员对单相接地告警信息的听觉刺激，确保了单相接地告警信息的直观性、有效性，能够保证监控员第一时间发现接地故障，实现了监控员发现单相接地故障及时率 100%。

（3）实现了设备接地故障次数统计正确率 100%。通过研发和应用线路接地次数自动统计功能，一方面为单相接地处理提供辅助决策（相同拉路条件下，优先拉开接地次数较多者），为线路运行维护提供实时资料。另一方面有效地降低了人工维护的工作量，提升了接地次数统计的正确率，并且能够实现信息的快速查询。

二、"三跨"线路故障处置智能辅助决策平台

（一）技术背景

"三跨"线路是指跨越高速铁路（图3-11）、高速公路和重要输电通道的架空输电线路。在实践中，对于跨越普通铁路的高压输电线路也纳入"三跨"线路加以管理。目前河北南部电网110kV及以上跨越高速铁路的线路有969条、跨越高速公路的线路有1036条，具有线路条次多，分布区域广的特点。"三跨"线路故障时，有可能影响重要用户的生产运营，甚至引发重大公共安全事故。

为做好"三跨"线路故障应急处置工作，出台了国家电网运检〔2016〕777号文和冀电安质〔2016〕41号文规定，如图3-12、图3-13所示。"三跨"线路故障后，调控员应综合故障测距及"三跨"线路明细台账中交跨杆段分布，估算故障位置是否位于"三跨"区段，通知输电人员带电查线，通知运维人员到站检查和做好转检修操作准备。另外，还应及时向上级汇报现场天气情况、对铁路有何影响、是否具备远方试送条件等。

图3-11 输电线路跨铁路场景

国家电网公司文件

国家电网运检〔2016〕777 号

国家电网公司关于印发架空输电线路"三跨"运维管理补充规定的通知

各分部，各省（自治区、直辖市）电力公司：

为加强公司架空输电线路跨越高速铁路、高速公路和重要输电通道区段（以下简称"三跨"）运维管理，提高运维工作质量和安全水平，在《国家电网公司架空输电线路运维管理规定》（国网（运检/4）305-2014）基础上，公司组织制定了架空输电线路"三跨"运维管理补充规定，现予以印发，请遵照执行。

国家电网公司

2016 年 9 月 22 日

（此件发至收文单位所属各级单位）

图 3－12　国家电网有限公司关于"三跨"线路的文件规定

国网河北省电力公司文件

冀电安质〔2016〕41 号

国网河北省电力公司关于印发应对"三跨"线路故障现场处置方案的通知

国网河北电力办公室、安质部、运检部、营销部（农电部）、外联部、调控中心，各供电公司，国网河北检修公司：

为进一步做好公司"三跨"线路故障应急处置工作，加快响应速度，提升处置效果，做好与跨越单位的工作衔接，快速隔离故障，为高铁、高速公路等恢复正常运营创造条件，最大限度减少社会影响，公司制定了《国网河北省电力公司应对"三跨"线路故障现场处置方案》，现印发你们，请认真学习宣贯，遵照执行。

国网河北省电力公司

2016 年 10 月 14 日

（此件发至县供电公司）

图 3－13　国网河北电力公司关于"三跨"线路的文件规定

经过实际调研，调控机构在处置"三跨"线路故障方面存在以下难点亟待解决：

（1）难以快速精准确定故障点。研判故障点时，调控员先手动调取录波系统的故障测距，再人工查阅线路明细台账中交跨杆段分布，只能粗略估算故障位置是否位于"三跨"区段，耗时 10min 以上，而精确度只有 50%。

（2）难以精准高效启动带电查线。目前调控员使用的电网一次模拟接线图仅显示线路各端连接关系，不显示线路地理位置、路径走向，如图 3－14 所示。通常情况下，一条线路会跨越多个行政区域，由于调控员不能准确界定故障点地理位置，因此无法快速精准通知属地化人员启动应急预案和带电查线，往往采取多单位、多人力，大水漫灌式故障排查。

（3）难以实时掌控各部门应急响应动态。故障发生后，传统的电话业务联系模式使得调控机构无法全面直观了解各单位应急响应情况，无法实时掌握应急人员赶赴变电站、故障点的动态情况，相关督导指挥、总结提升工作无法开展。

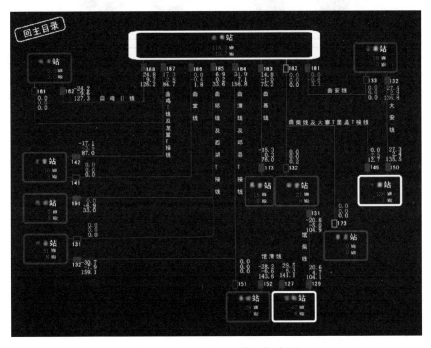

图 3－14　电网一次模拟接线图

（二）总体方案及构架

1. 总体方案

按照"互联网+"的研发思路，基于网络电子三维地图，研发"三跨"线路故障处置智能辅助决策平台，该平台可安装在 PC 客户端和移动客户端使用。它包括数据维护后台和图形展示终端两部分。用管理员账户登录后台后，依次导入各座变电站和各线路杆塔的经纬度后，系统就可以在网络地图上自动生成"三跨"线路地理接线图，实现线路跨域区域和路径走向的地理位置显示、线路故障点的自动精确定位、线路运行环境工况的立体化展示等功能。

平台总体架构包括 Web 服务器、数据库服务器、Web 客户端、App 移动端和网络设备。"三跨"线路故障智能处置平台总体架构如图 3-15 所示、系统框架如图 3-16 所示。

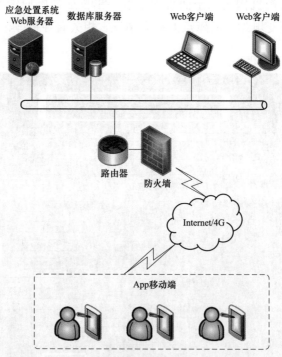

图 3-15　"三跨"线路故障智能处置平台总体架构

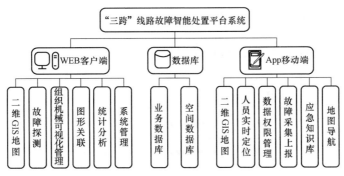

图 3－16　"三跨"线路故障智能处置平台系统框架

2. 平台运行环境

"三跨"线路故障智能处置平台运行环境见表 3－4。

表 3－4　　　　　　　　　　"三跨"线路故障智能处置平台运行环境

序号	端口	参　　数
1	服务器端	运行平台：.NET Framework。 GIS 运行平台：ArcGIS。 数据库：SQL Server 2008。 操作系统：Windows Server 2008。 服务器配置：CPU：4 核；内存≥8GB；硬盘：≥100GB
2	Web 客户端	浏览器：Internet Explorer/火狐
3	App 移动端	运行平台：Android 5.0 数据库 SQLite。 手持端配置：RAM 内存≥2G；ROM 内置存储器≥16G

（三）技术内容

1. 后台自动维护功能

用管理员账号登录后台系统，将某条"三跨"线路所包含的变电站和线路杆塔的经纬度地理坐标数据导入系统后，即可在地图上按实际地理位置生成该线路图形，后台管理系统线路管理界面，如图 3－17 所示。线路图形中，各座变电站和线路杆塔以不同的图标表示，其编号、名称、颜色等可人工编辑，并且各侧变电站和线路的运行参数均可添加备注。

将供电公司各运行维护单位的经纬度地理坐标数据导入系统后，即可在地图上按实际地理位置以图形的方式显示出来，包括变电运维室、输电运检室、变电运维班、县公司等，并且可人工自行设定各运维管理部门与各变电站、各

141

条线路之间的责任范围和隶属关系。

图 3-17　后台管理系统线路管理界面

2. 线路空间布局图形展示功能

以网络电子三维地图为基础，正常界面时满屏独立显示邯郸行政区域图。地图画面可按比例自由缩放，各比例图形中均能够清晰显示邯郸境内的高速铁路、高速公路和普通铁路。

生成的线路图形与实际输电线路的空间布局、路径走向完全一致；各段线路、各杆塔的地理位置和线路跨高速铁路、跨高速公路等情况一目了然，如图 3-18 所示；画面正常界面时，可清晰显示线路名称和变电站名称，画面放

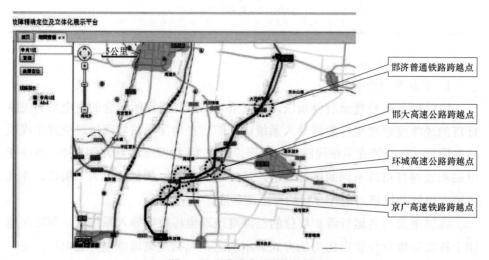

图 3-18　线路交叉跨越示意

大后可显示杆塔编号；将鼠标放置该图标处时可自动显示备注内容（鼠标移到杆塔处，可显示该杆塔的编号、地理位置、海拔、距各站距离、投运日期等信息；鼠标移到变电站处，可显示该变电站的线路开关编号、保护型号及配置、额定电流、线路型号、投运时间等信息）；正常情况下，画面不显示线路，需要时可一键调阅或清除全部线路，也可以逐条添加或隐藏所需线路。多条线路在画面上同时显示时，各条线路的颜色能够明显区分。

3. 线路故障自动精确定位功能

当线路发生故障后，系统可以自动获取故障录波测距，通过杆塔经纬度自动计算两杆间线路长度，从而系统能够自动确定该线路具体的故障范围，并在图形上动态区别显示（能够利用图形显示出故障点位于哪两个杆塔之间、处于什么地理位置、是否位于跨越点；能够利用与本线路颜色不同的颜色来显示故障段），这样就可以消除调度指挥的盲目性，能够快速精准的通知相关运维单位启动应急响应。图3-19给出了线路故障自动精确定位界面。

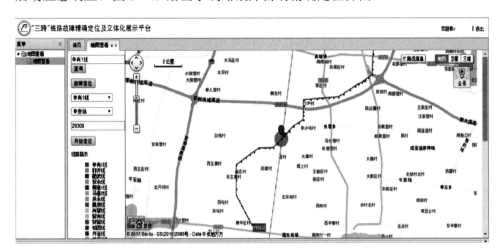

图3-19　线路故障自动精确定位界面图

系统在进行故障定位时，具有故障点定位和故障段定位两种方式：

（1）故障点定位。

1）线路为两端线路，如果只有一侧变电站能够提供录波数据时，系统只根据该录波测距判定出一个故障点位置，并进行动态显示，即故障点定位。

2）线路为 T 接线路，系统只需按照电源侧变电站提供的录波数据来判定故障位置。如果故障点未超过 T 接点，则画面上只显示一个故障点；若故障点超过了 T 接点，则画面上应在 T 接点之后的各个分支上分别显示一个故障点（三站 T 接时显示两个故障点，四站 T 接时显示三个故障点，以此类推），如图 3－20、图 3－21 所示。

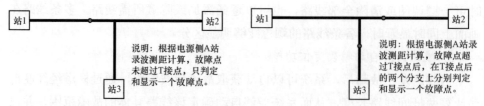

图 3－20　T 接线路故障定位情况一　　　　图 3－21　T 接线路故障定位情况二

（2）故障段定位。

线路为两端线路，线路两侧变电站均能提供出录波测距，但两端故障录波数据可能会出现偏差，针对这一情况，系统可根据如下公式分别计算故障点 A 和 B，得出站 1 与站 2 之间的线路段即为平台判定线路故障段。

$$A=A_c+K(A_c+B_c-L) \tag{3-1}$$

$$B=B_c+K(A_c+B_c-L) \tag{3-2}$$

式中　A——自站 1 侧开始计算得出的线路故障点；

　　　B——自站 2 侧开始计算得出的线路故障点；

　　　A_c——线路站 1 一侧提供的录波测距值，km；

　　　B_c——线路站 2 一侧提供的录波测距值，km；

　　　L——线路总长度，km；

　　　K——偏差校正系数，可由人工自行设定，一般取 0.5。

由式（3-1）、式（3-2）可知：

若 $A_c+B_c=L$，则 $A=A_c$，$B=B_c$，则 A 点和 B 点在线路上是同一个点，即故障点位置精确为 A（B）点，这是最理想的一种状态，如图 3－22 所示。

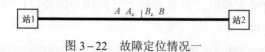

图 3－22　故障定位情况一

若 $A_c+B_c>L$，则 $A>A_c$，A 点位于 A_c 点的站 2 一侧；$B>B_c$，B 点位于 B_c 点站 1 一侧。故障段即可判定为 A 点与 B 点之间的线路段，A_c-B_c 段包含在了 $A-B$

段之间，如图 3 – 23 所示。

图 3 – 23 故障定位情况二

若 $A_c+B_c<L$，则 $A<A_c$，A 点位于 A_c 点的站 1 一侧；$B<B_c$，B 点位于 B_c 点站 2 一侧。故障段仍判定为 A 点与 B 点之间的线路段，A_c-B_c 段仍然包含在了 $A-B$ 段之间，如图 3 – 24 所示。

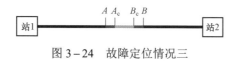

图 3 – 24 故障定位情况三

4. 线路运行工况实时动态展示功能

图形展示终端上能够实时显示线路运行空间环境工况，包括天气、树木、建筑物、路况等信息，有助于对事故原因的分析判断和故障处置工作的高效开展。电力线路运行工况展示如图 3 – 25 所示。

图 3 – 25 电力线路运行工况展示

5. 运维单位及行车路径智能提示功能

故障发生后，平台能够针对故障设备及故障点位置，根据设定好的各部门负责维护的电气设备范围和隶属关系，结合实时路况信息，自动提供有关运维单位人员赶赴变电站和线路故障段的各条路径，并提出最佳路径、所需时间等信息。维护单位自动推送界面如图3-26所示。应急响应路线自动推送界面如图3-27所示。

图3-26　维护单位自动推送界面

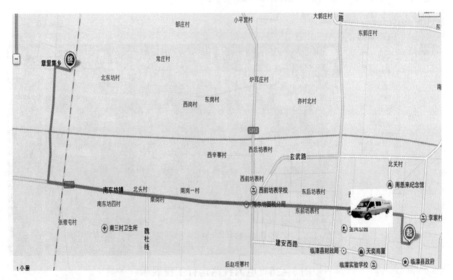

图3-27　应急响应路线自动推送界面

6. 抢修车辆位置实时显示功能

在研发设计过程中充分借鉴了"滴滴打车"的研发思路，各单位抢修车辆装有卫星定位系统，与本平台进行连接设置后，抢修车辆行驶过程中，平台图形展示界面就可以实时动态显示车辆行进状态和当前位置，因此，相关部门能够随时掌握各单位应急响应情况。抢修车辆自动实时定位界面如图3-28所示。

图3-28 抢修车辆自动实时定位界面

7. 各单位应急响应情况自动统计功能

平台能够自动统计和记录各运维管理部门应急响应情况，包括启动时间、到位时间、行驶里程等，为事后监督评价和效能提升工作提供数据支撑。应急响应情况统计界面如图3-29所示。

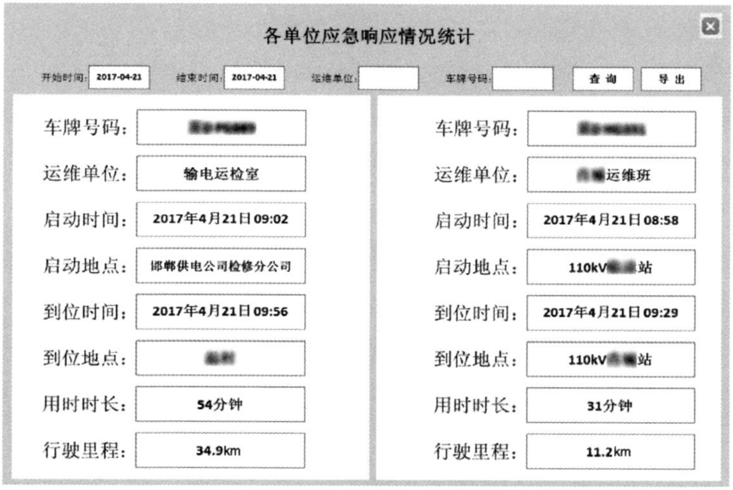

图3-29 应急响应情况统计界面

（四）应用成效

（1）实现故障精确快速定位。与手动查找故障点相比，平台具有自动定位功能，精确度明显提高，而且故障查找用时由 10min 以上缩短到 1min 以内，降幅超过 90%。

（2）有效避免人工判定误差。平台能够直观全面显示线路的空间布局和跨越点，避免了人工判断误差，精准度提升 70%以上。

（3）正确快速启动事故应急处置和实时指挥工作。调控员可根据线路故障区段以及相应的维护单位（例如，线路故障后可以首先通知县公司属地化人员配合完成带电查线工作），快速启动应急响应预案，避免了多部门、多人力大水漫灌式故障排查，减少了无效工作，平均每次可减少应急响应人员 8~10 人，抢修车辆 3~4 辆，此外调控员可根据动态实时信息，进行调度指挥工作，故障应急响应时间平均减少 35min。

（4）利用事后开展监督评价和效能提升工作。平台可以自动统计各单位的应急响应情况，包括启动时间、用时时长、行驶里程等，为监督评价工作提供了数据支撑，实现了故障处置工作的全流程闭环管控，有利于不断总结和发现实际工作的不足，并为下一步的改进提升工作提供重要参考。

第四章

变电站设备监控信息联调验收

第一节　变电站设备监控信息联调验收工作概述

"变电站设备监控信息"是指为满足集中监控需要接入智能电网调度控制系统的变电站一次、二次设备及辅助设备监视和控制信息（《国家电网公司变电站设备监控信息管理规定》。变电站在进行新（改、扩）建工程时，设备监控信息接入调控机构主站自动化系统后，须经调度端与站端联合调试，逐一传动验收正确后方可具备集中监控技术条件。因变电站设备监控信息接入验收内容主要是遥测、遥信、遥控、遥调、监控画面及智能电网调度控制系统相关功能，所以我们又将其称之为"四遥量调试验收"工作。

一、变电站设备监控信息联调验收工作特点

大运行模式下，变电站实行无人值班模式。变电站运行监视职责完全依靠调控中心监控员在远方集中监控完成。接入调控机构主站自动化系统的变电站设备监控信息正确与否，将直接关系到电网能否安全稳定运行、集中监控工作能否安全高效开展。因此，变电站设备监控信息联调验收是一项极其重要的工作，需要严格管控，安全把关。从实际开展情况来看，变电站设备监控信息联调验收工作具有以下几个特点：

（1）涉及专业较多。四遥量调试验收工作需要主站端的自动化、调度控制人员与站端的变电检修、变电运维、厂家技术人员共同配合方可完成，涉及专业范围广、工作人员多，看似简单，实则复杂。

（2）重视程度不够。四遥量调试验收工作多数情况下是在变电设备处于停电状态开展的。即使在设备带电情况下作业，也只是进行二次远动设备的模拟

调试操作。表面看起来，其作业规模、影响范围与大型停电检修作业现场无法比拟，因此不易引起各级管理和技术人员的高度重视。

（3）工作业务量大。以一座基建 220kV 智能变电站为例，监控信息量在 2000～4000 个。对于遥测和遥信，需要主站和站端共同逐点逐信息核对验收。对于遥控，需要通过远方实际操控，完成对每台设备的合闸、分闸或投入、退出的全过程控制。因此即便是在非常顺利的情况下，完成信息联调工作一般也需要 3～5 天。

（4）安全把关困难。信息联调工作需要主站和站端双方人员默契配合，全面正确落实各项安全措施，才能保证安全高效开展。在防止误控运行设备、保证遥测遥信正确方面，仅仅依靠主站或站端一方人员的责任心和技术能力难以全面实现。

二、变电站设备监控信息联调验收管理规定

《国家电网公司变电站设备监控信息接入验收管理规定》［规章制度编号：国网（调/4）807－2016］要求如下：

（1）调控机构是变电站设备监控信息接入验收工作归口管理部门，并履行以下职责：

1）组织开展设备监控信息接入、验收及归档工作；

2）审批、执行设备监控信息接入验收申请单；

3）负责智能电网调度控制系统的数据维护，进行调控机构设备监控信息的核对和验收。

（2）建设管理部门配合做好设备监控信息接入验收工作，并履行以下职责：

1）负责督促施工单位按照设计图纸和设备监控信息表开展新（改、扩）建变电站的信息采集、上送等施工调试工作；

2）负责合理安排现场设备的安装调试工期，满足监控信息接入验收的时间要求；

3）负责监控信息接入验收的现场协调工作，对验收发现的问题组织整改；

4）负责督促设计单位根据变电站现场调试情况，及时对监控信息表进行设计变更。

（3）变电站运维检修单位配合做好设备监控信息接入验收工作，并履行以

下职责：

1）负责提交变电站设备监控信息接入验收申请；

2）配合调控机构进行设备监控信息接入的验收工作，做好变电站现场安全措施，配合调控机构对验收发现问题的整改情况闭环监督；

3）负责站端自动化系统的维护和验收，保证接入调控机构设备监控信息的正确性。

（4）技术支撑单位负责开展设备监控信息接入验收的技术支撑工作。

（5）施工单位配合做好设备监控信息接入验收工作，并履行以下职责：

1）按照设计图纸和设备监控信息表开展新（改、扩）建变电站的自动化系统设备安装、信息采集、数据维护和通道调试等工作；

2）依据施工实际情况向建设管理部门、设计单位和变电站运维检修单位反馈监控信息设计相关意见；

3）负责设备监控信息接入验收的现场配合工作，负责验收中发现问题的整改消缺。

（6）变电站运维检修单位针对以下情况，应履行设备监控信息接入验收申请手续。

1）新（改、扩）建工程投产；

2）变电站自动化系统或智能电网调度控制系统更换；

3）在变电站自动化系统工作，引起远动数据库变动；

4）变电站进行设备检修、设备更换、调整间隔等工作，导致设备；

5）监控信息发生变化。

（7）变电设备检修如果涉及信号、测量或控制回路，即使设备监控信息未发生变化，运维检修单位也应向调控机构汇报，双方应核对相关信息。

（8）变电站运维检修单位应在设备启动投运前向调控机构提交设备监控信息接入验收申请，并附设备监控信息表、调度命名文件、一次接线图、交流系统图、直流系统图等资料。

（9）调控机构应及时批复设备监控信息接入验收申请，并完成智能电网调度控制系统的数据维护、画面制作、数据链接、通道调试等工作。工作中应做好主站安全隔离措施，防止影响或干扰运行设备的正常调控业务。

（10）施工单位或运维检修单位应根据设计图纸和变电站设备监控信息表完成上送调控机构信息的相关调试维护工作。工作中应做好现场安全隔离措施，防止影响或干扰运行设备。

（11）变电站新（改、扩）建工程具备以下条件后，方可开展设备监控信息联调验收工作。

1）变电站一次、二次设备完成现场验收工作。

2）站端自动化系统已完成验收工作，监控数据完整、正确；已按照调控机构批复的设备监控信息表完成远动系统入库工作。

3）调控机构的智能电网调度控制系统已完成数据接入和维护工作，相关远动设备、通信通道正常可靠。

（12）建设管理部门应预留足够的设备监控信息联调验收时间。

（13）在满足联调传动验收条件后，调控机构与运维检修单位按照《变电站集中监控验收技术导则》（Q/GDW 11288）要求开展设备监控信息联调验收并做好记录。验收内容主要包括技术资料、遥测、遥信、遥控（调）、监控画面及智能电网调度控制系统相关功能。

（14）设备监控信息验收过程中发现的主站系统问题由调控机构消缺；站端问题由施工单位或运维检修单位消缺；通道问题由双方及信通机构共同消缺；必要时履行设计变更手续。

（15）验收完成后，调控机构和运维检修单位应做好资料归档工作。

三、变电站设备监控信息联调验收工作主要流程

变电站进行设备扩建及综合自动化改造工作，在设备正式接入调控中心自动化系统运行前，需要进行设备遥控调试验收工作，其主要流程如图 4-1 所示，具体描述如下：

（1）扩建、综合自动化改造变电站的施工单位需按照省调 OMS 专业流程提出申请，现场办理工作票。

（2）施工单位变更遥控数据库前，必须要求运维人员断开运行开关远方遥控回路，只投入被传动开关遥控把手进行传动，运维人员经值班调控员同意后，将相关变电站运行开关远方遥控回路断开（退出遥控压板或将远方/就地把手切换至"就地"位置）。在此期间，值班监控员负责设备监视，运维人员负责现场倒闸操作（包括调整电压）和事故处理。

（3）施工单位应根据审定《远动信息定值单》调试版内容，监护厂家人员

开展站端监控系统数据维护、站端画面制作、数据链接、站端远动数据库（远动转发表）等工作；现场作业人员应在数据库变更前后，与自动化人员逐一核对遥控数据库，遥测和遥信数据库可采用抽测形式进行核对，两端遥控数据库必须同步制作，核对无误具备验收条件后，通知运维人员进行站端监控系统验收。

（4）自动化人员应根据审定《远动信息定值单》调试版内容和一次系统接线图，开展调度监控系统主站端的数据维护、画面制作等工作；相关调度技术支持系统已完成数据接入和维护工作，自验收合格，通知监控人员验收。

（5）自动化专业按照验收作业指导书要求，将相应调试设备列入调试区，防止影响或干扰正常调控业务。

（6）施工单位、运维人员应首先按照《站端监控系统"四遥"信息核对信号表》，共同对站端监控系统完成遥信、遥测、遥控验收工作，确保站端监控数据完整、正确；验收工作完毕后，施工单位向值班监控员申请可以进行主站端监控信息调试。

（7）调控员与施工单位应先对《主站端监控系统"四遥"信息核对信号表》中遥测、遥信项目逐一核对，再和现场运维人员共同进行遥控信息核对，进行实际开关遥控前，调控员应先进行相应开关"遥控测试"，自动化人员和现场作业人员共同核对遥控信息报文，核实无误后，调控员方可进行开关"先合后分"遥控验收，双方应做好验收记录。

（8）在监控信息接入验收过程中，发现的主站监控系统缺陷由自动化专业消缺，厂站端缺陷由施工单位组织消缺，必要时履行设计变更手续。

（9）验收过程中发现的技术问题由施工单位协调消缺，消缺完毕后，组织相关单位进行验收。

（10）扩建设备全部监控信息验收合格后，监控员通知现场运维人员，可恢复运行开关远方遥控回路，恢复完毕后汇报值班监控员，变电站监控权移交调控班；施工单位、调控中心完成省调 OMS 系统流程终结。

（11）综合自动化改造变电站改造期间，除遥控调试开关外，其他运行开关必须断开远方遥控回路，全部综合自动化改造工作完毕后，运维检修部组织验收，完成相关审批手续后，经值班监控员许可，方可恢复远方遥控回路，监控权移交调控中心。

（12）全部调试工作完毕，自动化主管在调试结束，厂站投运前，编制《远

地区电网智能调控技术与应用

动信息定值单》正式版，由主管主任审批，发布至 OMS 系统。

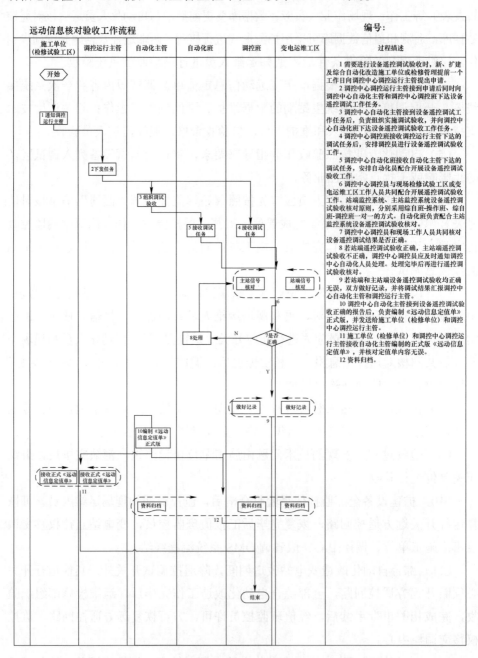

图 4-1　变电站设备监控信息联调验收工作流程图

四、变电站设备监控信息联调验收工作技术要求及安全措施

国家电网公司企业标准《变电站集中监控验收技术导则》（Q/GDW 11288—2014）中，明确规定了调控主站四遥信息联调验收工作要求，具体见表 4-1。

表 4-1　　　　变电站设备监控信息联调验收工作要求及安全措施

序号	验收项目	验收基本要求	传动安全措施
1	遥测验收	1. 调控主站遥测验收前，应完成变电站测控装置的遥测精度验收。 2. 功率方向应以流出母线方向为正，流入母线方向为负；电容器、电抗器无功方向以发出无功为正，吸收无功为负。 3. 应根据电网及设备实际情况合理选择遥测数据电流变比。 4. 遥测数据的零漂和变化阈值应在合理的范围内（一般不应超过 0.2%）。 5. 验收双方应互报显示的数据，确认误差是否在精度允许的范围内，并做好记录。记录内容应包括：站端传动人员姓名、主站传动人员姓名、遥测序号、遥测名称、验收时间以及验收过程中遇到的问题。待全部遥测数据验收完毕后，整理并妥善保存验收记录。 6. 不同画面的同一遥测数据，应同时变化且变化一致。 7. 调控主站的有功、无功、电压、电流等遥测数据总准确度不应低于 1.0 级，即实际运行数据至调控主站的总误差以引用误差表示的值不应大于+1.0%，且不应小于 -1.0%。 8. 变电站遥测数据传送至调控主站时间应满足 DL/T 5003—2005 相关要求	1. 遥测传动前，调控主站应做好运行设备遥测数据的隔离工作（实负荷核对法除外），防止遥测传动过程中干扰电网运行。 2. 使用虚负荷测试法传动遥测数据前，应将测控屏的外部二次回路进行完全隔离，防止试验二次电流、电压通过电流互感器、电压互感器给一次设备反充电。对于二次回路的隔离措施，应有书面记录，工作结束后，按照记录恢复成原有状态。 3. 遥测传动时，应防止电流互感器开路、电压互感器短路。 4. 传动过程中，重启远动装置应提前告知主站。对于远动装置冗余配置的，应避免发生多台装置同时重启而引起的通道中断等情况。 5. 对于采用专用软件模拟法进行遥测传动的，应做好安全防护工作
2	遥信验收	1. 每个遥信传动应包含"动作"和"复归"，或者"合"和"分"的完整过程。 2. 传动过程中，应避免对正常监控运行造成干扰。 3. 遥信防抖设置由变电站现场人员进行验收，主站应随机抽取部分信号对遥信防抖功能进行测试。 4. 变电站采用多条数据传输通道，应对每条数据传输通道进行遥信传动验收或采取通道间的数据比对确认的措施。	1. 遥信传动前，调控主站应做好运行设备遥信数据的隔离工作，防止传动过程中干扰电网运行。 2. 使用端子排短接法传动遥信状态前，应对测控装置的二次回路采取防误碰措施。对于二次回路的隔离措施，应有书面记录，工作结束后，按照记录恢复成原有状态。 3. 传动过程中，重启远动装置应提前告知主站。对于远动装置冗余配置的，应避免发生多台装置同时重启而引起的通道中断等情况。 4. 对于采用专用软件模拟法进行遥信传动的，应做好安全防护工作

序号	验收项目	验收基本要求	传动安全措施
2	遥信验收	5. 遥信验收时，验收人员应同步检查告警窗（直采、告警直传及 SOE）、接线图画面、光字牌画面，各相关画面的遥信应同时发生相应变化，同时还应检查音响效果是否正确。 6. 事故总合成信号应对全站所有间隔进行触发试验，保证任一间隔保护动作信号或开关位置不对应信号发出后，均能可靠触发事故总信号并传至调控主站，并且在保持一定时间后能够自动复归。其他合成信号应逐一验证所有合成条件均能可靠触发总信号并传至调控主站。 7. 遥信传动过程中，应有完整的传动记录。内容包括：站端传动人员姓名、主站传动人员姓名、遥信序号、遥信名称、验收时间，以及传动过程中遇到的问题。待全部信号传动完毕后，整理并妥善保存传动记录。 8. 站内 SOE 分辨率不应大于 2ms，站间 SOE 分辨率不应大于 10ms。 9. 变电站遥信数据传送至调控主站时间应满足《电力系统调度自动化设计规程》（DL/T 5003—2017）的相关要求	
3	遥控（调）验收	1.遥控（调）验收包括开关设备遥控、重合闸、备用电源自动投入装置远方投退软压板以及保护装置远方切换定值区的验收。 2. 遥控测试前，站内应做好必要的安全措施，待现场负责人许可后，方能进行传动测试，防止误控带电设备，进行双人双机监操作。 3. 变电站采用多条数据传输通道的，应对每条数据传输通道分别进行遥控测试。 4. 停电条件下，每个开关遥控传动应包含"一合一分"的完整过程；遥控软压板传动应包含"一投一退"的完整过程；切换保护装置定值区传动每套保护装置应至少完成一次定值区切换操作。 5. 开关具备同期功能的，应进行同期遥控试验。试验时应对同期条件满足、不满足两种情况分别进行测试。 6. 遥控操作应遵循"遥控选择，遥控返校，遥控执行"的流程。 7. 调控主站在确认遥控的目标、性质和遥控结果一致后，进行书面记录，内容包括：站端传动人员姓名、主站传动人员姓名、遥控序号、遥控名称、验收时间以及验收过程中遇到的问题。待全部遥控传动完毕后，整理并妥善保存传动记录。 8. 变电站遥控（调）命令传送时间应满足《电力系统调度自动化设计规程》（DL/T 5003—2017）的相关要求	1. 遥控传动时，现场一次设备区应设置专人，对设备状态进行确认并提醒临近工作人员注意。现场和调控主站应保持通信正常，传动期间做好呼应。 2. 调控主站在进行遥控传动前应做好防止误控的安全措施（如将受控站列入调试区等）。 3. 对运行变电站的进行遥控传动时，站端应做好防误控措施，如退出全站遥控出口压板，测控屏远方/就地切换开关打到就地位置等。 4. 若采用遥控回路测量法，在工作前应做好安全措施（退出遥控出口压板、断开二次回路等），并做好详细记录。传动结束后，按照安全措施票逐项进行恢复，防止误、漏接线。拆、接线时应做好绝缘隔离措施，防止短路、接地或人身触电

第二节　变电站设备监控信息联调验收新技术

一、监控信息智能对点自验收技术

《国家电网公司变电站设备监控信息接入验收管理规定》中规定：变电站新（改、扩）建工程应预留足够的设备监控信息联调验收时间见表 4-2。

表 4-2　　　　　　　　变电站设备监控信息联调验收时间

新（改、扩）建工程监控信息数量（个）	新（改、扩）建工程设备监控信息联调验收时间	备注
4000 以上	7 个工作日	330kV 以上智能变电站
2000～4000	5 个工作日	220kV 智能变电站或 330kV 以上常规变电站
1000～2000	4 个工作日	220kV 常规变电站或 110kV 智能变电站
1000 及以下	3 个工作日	110kV 及以下变电站

随着大运行体系持续深化，新（改、扩）建变电站不断增加，大量监控信息需要接入调控中心。但是受工程基建工作周期影响，往往留给四遥量验收的时间比较短，而智能变电站又存在验收信号量大的特点，采用传统的人工逐点验收方法需要耗费较长时间，经常难以在规定时间内验收完毕，致使变电站延期投运。

通过对 2015—2017 年邯郸地区新投运智能变电站进行调查统计发现，220kV 变电站平均信号量为 3275 个，验收用时 9.6 个工作日，与规定的 5 个工作日相比超期 92%；110kV 变电站平均信号量为 1603 个，验收用时 6.23 个工作日，与规定的 4 个工作日相比超期 56%，因此通过应用新技术缩短变电站设备监控信息联调验收用时势在必行。

（一）总体概述

监控信息智能对点自验收技术基于现有体系架构，遵循电力行业标准，满足全过程覆盖、全回路验证、全通道比对、全信息校验的监控信息验收要求，通过专用程序和仪器代替监控人员完成监控信息验收工作。该技术基于分段工作思路，将变电站和调度主站的紧密配合工作进行解耦；即在变电站端引入一个装置完成站内信号验收工作,并可以批量自动触发信号与调度主站进行程序化的自动联调。

全过程覆盖是指包括验收准备、验收实施、检查评估等环节,确保验收准备充分,验收实施效率高,检查评估方便;全回路验证(端到端)包括一次、二次设备,测控,总控,主站前置,D5000数据库,监控接线画面(信息回路);全信息校验包括遥测、遥信(包括合并信号)、遥控(包括顺控);全通道比对包括四路通道同步验收,即一平面、二平面、备用通道一、备用通道二。

(二)技术内容

1. 常规验收模式

(1)现场后台验收。新(改、扩)建工程后,先由运检人员在变电站现场完成后台验收,实现一次、二次设备信息到后台机的回路验证。

(2)调控主站验收。现场后台验收无误后,调度主站验收由运检和监控人员同时完成,检修人员施加调试信息,监控人员检查主站信息是否与调试信息一致,如图4-2所示。

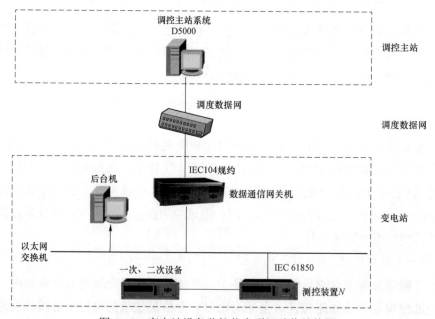

图4-2 变电站设备监控信息联调验收结构图

常规验收模式中采取信号逐点校核的模式,在后台验收和主站验收过程中需实际设备进行多次信号触发、模拟传动，单信号验收用时长，需多专业配合且验收流程繁琐，因此是信息联调过程需要中改进的关键部分。

2. 智能对点自验收模式

智能对点自验收模式在原有验收流程的基础上，将联调工作进行解耦拆分，分别是站内验收、通信联调和调度主站验收三个环节，实现了信息联调的全回路、全过程验证。

（1）站内验收环节。

站内验收环节在站内前置数据库验收正确的基础上进行，实际装置与监控后台传动，验收与现在一样。在与调度主站对信号之前，需确保站内信号经智能终端、合并单元等信号源头经保护测控装置到监控后台及远动装置整个链路、信号都是没有问题，这是整个智能对点信息联调工作的基础。

站端前置数据库配置：调控系统与变电站系统间点号等前置信息的一致性是自动验收的前提，厂家根据调控中心制定的调控信息表配置站端前置信息数据库，包括后台机及远动装置配置，将配置信息导出后，通过计算机程序与调控信息表自动比对，实现站内后台与远动信息配置校核，确保站端前置信息正确。

自验收装置配置：自验收智能对点技术需在站端配置自验收装置，实现模拟信号自动触发。将数据通信网关机的站控层网络接口直连到自验收装置的站控层 AB 网络接口，将数据通信网关机的远动通道网络接口直连到自验收装置的远动通道网络接口，形成一个闭环，如图 4-3 所示。

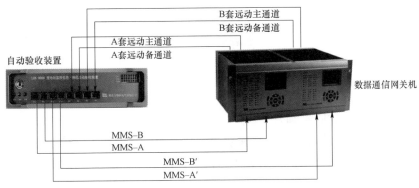

图 4-3　变电站设备监控信息联调验收结构图

通过导入现场的 SCD 文件提取全站 IED 设备（具有 MMS 服务功能的 IED 装置）的模型文件,自动验收主机仿真全站设备,发送全站设备遥信的 MMS 报文,并通过组网发送给远动装置以及监控后台主机,同时自动验收主机实时收回远动装置发出的 IEC104 报文,这样获取远动转发配置表以及监控后台的描述,形成远动测试报告。

根据 SOE 唯一性,对成远动测试报告中的自验收装置 MMS 报文、远动转发配置表及监控后台描述进行自动比对,三者一致时验收通过,表示自动验收机发往调度主站的信息正确。

站端后台同步验收:将数据通信网关机的远动通道网络接口直连自验收装置的远动通道网络接口后,变电站调试人员施加实际信号量,监控通道信息与后台监控主机同步进行验收,校验后台配置与变电站一次/二次信号一致性。自验收装置具备远动多通道信号一致性自动比对功能,可实现 AB 双套主备调四条通道同步验收（图 4-4）。

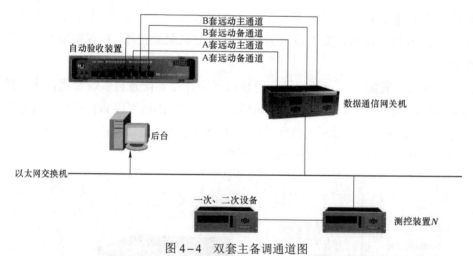

图 4-4　双套主备调通道图

（2）通信联调环节。

通信联调环节验收步骤有 4 步:

第 1 步:将主站前置、厂站远动通信装置内所有遥测、遥信、遥控复位,遥测初始状态零,遥信初始状态为复归,遥控初始状态是开关在分位。

第 2 步:主站端启动自动验收程序,变电站启动上送程序,主站端由监控人员操作，变电站现场由检修人员操作，操作前双发需电话确认。

第 3 步：主站自动验收系统发送总召，厂站自动验收系统收到信息后启动程序。在发送总召命令后，主系统检查遥信、遥测、遥控初始状态，然后校验上送信息与标准信息表顺序是否一致，模拟量和状态量是否符合设定规则，其中遥信按照动作复归，遥测按照点号加固定值，遥控按照先合后分的原则自动验收，程序结束记录校验结果，结果不一致时给出提示和备注错误原因。

第 4 步：生成验收报告，报告包括验收失败的名称及原因，监控人员根据验收报告，快速查找问题根源，有针对性地汇报相关部门。

（3）调度主站验收环节。

主站前置数据库配置：自动化运维人员根据调控信息表配置调度主站前置信息，包括 D5000 画面及监控信息配置等，从遥信、遥测、遥控（调）三个方面，读取主站数据库中的信息内容，检查主站端数据库信息维护工作是否正确，遥信表检查内容包括点号、名称、间隔 ID、电压等级、告警类型、是否光字牌等，遥控、遥测仅检查点号和名称。

调度主站验收：主站数据库配置正确、调度数据网通信正常、站端验收完成后，开始主站端自验收智能对点功能。

遥信、遥测验收由自验收装置进行智能批量触发。自验收装置按照既定策略触发遥信、遥测信息，MMS 模拟信号经远动装置上送至调控主站系统及站端后台系统，同步进行主站验收及站端后台验证，同时远动装置返送 IEC104 报文至自验收装置，实现上送信息闭环验证。将自验收装置模拟信号、站端后台机及主站接收信息导出后，通过计算机程序进行自动比对，实现主站遥信、要测量验收。由于信号接收及校核环节不需要人工干预，因此主站验收环节具备多通道同步验收功能。

遥信自动验收具备以下功能：复位主站端前置系统、站端远动通信装置所有遥信功能；触发厂站端设备遥信上送功能；校验告警信息点号与预置标准信息表点号顺序是否一致，记录校验结果，校验结果不一致时给出提示和备注错误原因，生成遥信联合自动验收报告。

遥测自动验收具备以下功能：对主站端前置系统、变电站站端远动通信装置所有遥测量复位为 0；启动厂站端遥测数据上送；完成前置解析数据与自动验收系统预置数据的比对，并记录差值，校验结果不一致时给出提示，能生成遥测自动联合验收报告。

遥控自验收采用主站实控方式，进行主站端程序化遥控验收。主站端一条操作指令可顺序控制现场多个实际设备，进行设备分—合校验，并将设备变位结果返送调控主站及站端后台机系统，实现遥控（调）全回路校验。遥控验收受责任区、遥控开放权限及防误闭锁逻辑等相关限制，具有防止误遥控功能。一个遥控操作任务只需输入一次密码，避免了常规验收中逐条指令重复输入密码的过程，遥控验收安全、高效。

（三）自验收方案优势

自验收方案以调控信息表为基础，将信息联调验收解耦为站端后台验收、通信联调和调度主站端验收三个环节，不改变现有验收流程的基础上既保证了信息联通的可靠性，又极大地提高了联调效率，大幅减少联调时间。

（1）解耦的提出使多专业配合变为两两配合，优化了资源配置；站内远动调试的时候不需要调度人员的参与，这样不仅减少了人力，同时远动调试的工作可以提前做好。

（2）分段验收缩短了验收范围，更容易查找问题，提高了消缺效率。

（3）远动装置的自动校核，一方面解决了整个联调过程中出问题最多的一个环节，同时这也解决了目前人工联调过程中，对于合成信号没有很好的校验的问题。

（4）自验收装置直接发送 MMS 信号，校核远动装置、调度通道、调度主站，而不需要再重复去做保护试验等工作，这个是本方案最终的亮点所在。特别是需要与多级调度联调信号的时候，它的优势将发挥得更明显。

（5）实现了多通道同步验收。

（6）实现了程序化遥控验收。

（四）实例分析

220kV××变电站全站有 2464 个遥信点，采用智能对点自验收模式，信息联调用时 2 天时间；传统对点方式 220kV 变电站一般耗时在 6 天以上，智能对点将联调时间减少到 1/3，同时通过智能对点共校验出现场问题 49 处。通过本次试点，充分证明了自验收方式，在保证可靠性的基础上，能够大幅提高现场对点工作效率、缩减工程周期，减少了人力物力投入。

1. 现场问题记录

××站联调验收共发现 49 处问题，均很快查找到问题根源并有效解决。

××站联调验收现场问题记录表见表 4-3。

表 4-3　　　　　　　　　　××站联调验收现场问题记录表

序号	遥信点号	描述	问题现象	处理结果
1	470	2 号主变压器 212/测控装置控制切至就地位置（5）	470 至 475 遥信点顺序拉反（错位）	已处理
2	471	2 号主变压器 212/智能终端装置控制切至就地位置（5）		
3	472	2 号主变压器 212/汇控柜内控制切至解除位置（5）		
4	473	2 号主变压器 212/隔离开关控制切至就地位置（5）		
5	474	2 号主变压器 212/机构控制切至就地位置（5）		
6	475	2 号主变压器/212-9 隔离开关控制切至就地位置（5）		
7	611	2 号主变压器 112 开关/智能组件柜空调超湿告警（5）	611 与 612 遥信点做反	已处理
8	612	2 号主变压器 112 开关/智能组件柜空调超温告警（5）		
9	656	2 号主变压器 312 开关/合智一体控制切至就地位置（5）	主调该遥信点名称错	已处理
10	688	2 号主变压器/第一套纵差差动速断保护出口（1）	688 与 689 遥信点号后台做反	已处理
11	689	2 号主变压器/第一套纵差差动保护出口（1）		
12	933	3 号主变压器 113 开关/测控装置对时异常（2）	该点后台做错	已处理
13	972	3 号主变压器 313 开关/测控装置控制切至就地位置（5）	972 与 973 遥信点主站名称描述做反	已处理
14	973	3 号主变压器 313 开关/合智一体控制切至就地位置（5）		
15	1064	3 号主变压器/本体测控装置控制切至就地位置（5）	主站未做该遥信点	已处理
16	1077	3 号主变压器/调压机构控制切至就地位置（5）	主站无该遥信点	已处理
17	1085	3 号主变压器/本体测控装置对时异常（2）	后台该遥信点无变位	已处理
18	1094	3 号主变压器/本体智能终端 GS 总告警（2）	后台没有做此信号	已处理
19	1099	220kV 1 号母线汇控柜内控制切至解除位置（5）	1099 与 1100 遥信点号做反	已处理
20	1100	220kV 1 号母线隔离开关控制切至就地位置（5）		
21	1119	220kV 2 号母线 22-7PD 接地开关（5）	1119 与 1120 遥信点号远动做反	已处理
22	1120	220kV 2 号母线 22-7MD 接地开关（5）		
23	1121	220kV 2 号母线汇控柜内控制切至解除位置（5）	1121 与 1122 遥信点号远动做反	已处理
24	1122	220kV 2 号母线隔离开关控制切至就地位置（5）		

序号	遥信点号	描述	问题现象	处理结果
25	1253	220kV PCS-915A 母线差动保护失灵保护收 213 智能终端 B 装置 GS 断链（2）	后台光字牌名称不对	已处理
26	1267	备用 166 开关/机构控制切至就地位置（5）	远动无反应	已处理
27	1552	母联 102/合智一体装置收 3 号主变压器保护 1GS 断链（2）	后台无变位，远动有	已处理
28	1553	母联 102/合智一体装置收 3 号主变压器保护 2GS 断链（2）	后台无变位，远动有	已处理
29	1556	母联 102/过程层交换机装置告警（2）	后台与远动都无变位	已处理
30	1630	110kV 2 母智能终端装置对时异常（2）	后台需要改描述	已处理
31	1647	110kV 母线差动保护失灵保护 TA 断线告警（2）	远动与后台不一致（支路电流互感器断线没关联）	已处理
32	1818	2 号站用变压器 320 手车开关（5）	后台无变位	已处理
33	1848	母联 302 开关/充电保护出口（1）	后台、远动都无变位	已处理
34	1976	3 号站用变压器 330 手车开关（5）	后台无变位	已处理
35	1997	35kV 2 母线电压互感器保护 1 及测量二次空开跳开（2）	1997 与 1998 遥信点做反	已处理
36	1998	35kV 2 母线电压互感器保护 2 二次空开跳开（2）		已处理
37	2004	35kV 3 号母线电压互感器保护 1 及测量二次空开跳开（2）	2004 与 2005 遥信点做反	已处理
38	2005	35kV 3 号母线电压互感器保护二次空开跳开（2）		已处理
39	2082	直流 1 段母线接地（2）	后台不发软报文、硬不发	已处理
40	2083	直流 1 段交流串入直流告警（2）		已处理
41	2086	直流 2 段不间断电源或事故照明等设备告警（2）	后台无此光字、为其他设备告警	已处理
42	2388	110kV 母线差动保护 102 保护跳闸压板（5）	远动未做	已处理
43	2389	110kV 母线差动保护 166 保护跳闸压板（5）	远动未做	已处理
44	2390	110kV 母线差动保护 167 保护跳闸压板（5）	远动未做	已处理
45	2391	110kV 母线差动保护 170 保护跳闸压板（5）	远动未做	已处理
46	2392	110kV 母线差动保护 171 保护跳闸压板（5）	远动未做	已处理
47	2393	110kV 母线差动保护 112 保护跳闸压板（5）	远动未做	已处理
48	2394	110kV 母线差动保护 113 保护跳闸压板（5）	远动未做	已处理

2. 现场联调画面展示（图4-5、图4-6）

图4-5　双套远动机校核图

图4-6　自动校核结果图

3. 实例对比总结

传统对点方式与智能对点比较见表 4-4 （以 220kV 为例）。

表 4-4 传统对点方式与智能对点比较表

项目	传统对点	智能对点
耗时	6 天以上	1～2 天
排查问题	复杂（需要检查保护测控装置、远动装置、主站以及通信链路）	简单（只需要检查主站、以及远动到主站的链路）
信号触发	耗时长、个别有破坏性、有些信号触发困难	触发简单，点击即可，没有破坏性
可靠性	高	非常高（传动对点合成信号一般只校验一个，智能对点对于合成信号，每一个都会校验）
多主站	耗时长	耗时短，优势明显（对于第一个通道需要人工参与，后续的可以采用自动方式，1h 即可完成）
重复工作量	多	少

二、移动模拟主站验收监控信息技术

（一）概述

常规模式下，需要主站和站端均具备验收条件，并且通信通道接通后，方可开展变电站设备监控信息联调验收工作，即主站、站端、通道三者任一环节不满足就无法开展验收工作。

实际工作过程中发现，通信通道建设工作往往滞后于主站和站端工作进度。多数情况下，在主站已完成数据维护、画面制作等工作，站端已完成设备安装、数据维护、后台画面制作、数据链接等工作，主站和站端均已具备监控信息验收条件时，但由于受到通信通道建设工作尚未完成，通道还未调试接通的影响，仍然无法开展监控信息验收工作。待通信通道接通具备验收条件后，留给监控信息调试验收的时间已经很短了，甚至只有 1～2 天左右的调试时间。由于采用传统的人工逐点验收方法需要耗费较长时间，因此极易出现在规定时间内难以完成验收工作，致使变电站延期投运情况的发生。

（二）技术内容

研发和应用移动模拟主站验收监控信息技术，有效解决通信通道问题对监控信息调试工作带来的制约和困扰。所谓模拟主站就是在深入了解和掌握自动化系统的基础上，将现有的调度自动化系统进行精简集成，把调度技术支持系统（D5000 系统）的前置功能移植到笔记本电脑。在通信通道未接通的情况下，调控主站验收人员可携带该笔记本到变电站现场就地开展监控信息核对工作。该技术适用于基建变电站以及全站综合自动化改造的监控信息调试验收工作。

主要技术内容包括：

（1）提取前置程序和 SCADA 基本的应用，形成最小化系统。将调度主站系统中，参与数据采集、监视控制的系列应用程序进行二次编码，形成简化系统。经过重新优化配置程序，保证其在笔记本电脑上能顺利启动应用。

（2）进行源码的编译和配置文件的修改，安装操作系统。为便于操作和现场应用，对模拟主站进行二次源码编译，实现了一键启动系统、一键同步图库和一键结束归档，系统界面友好，操作便捷。

（3）安装 ORACLE 数据库，运行独立的数据库实例。将与主站系统一致的数据库安装在模拟主站上，通过严格的校验程序，确保主站图库"原封不动"导入模拟主站。数据库单向同步设计，保证了模拟主站和实际主站在同步数据过程中不会破坏实际主站数据库文件，确保了调度主站系统的安全。

（4）安装于 linux 操作系统的笔记本，进行二次源码编译。模拟主站采用 Linux 操作系统，该系统对病毒免疫，保证了运行安全性和稳定性。

（5）交换机进行配置，划分 3 分 Vlan。结合远动装置和模拟调度主站，对调试交换机进行合理配置，划分多个虚拟局域网 Vlan，保证调度数据网一二平面数据同时上送，如图 4-7 所示。

（6）进行程序的优化，简化操作过程。自动化传输通道一般包括两种网络通道和一种专线通道。为实现一台模拟主站接入多种通道，我们将交换机与串口服务器有机组合，作为专用通信模块。模拟主站只需从交换机一端口，接入一根网线便可实现多通道数据同时传输。

（三）应用效果

移动式模拟主站将调度主站系统移植于笔记本电脑，携带方便，可以在变电站基建工作现场直接启用，并且模拟主站具备厂站一次接线图图形显示、报文显示、实时报警显示、历史报警查询等功能，为现场调试人员提供了调度主站的真实环境。应用该技术开展变电站监控信息联调验收工作取得了显著的效益。

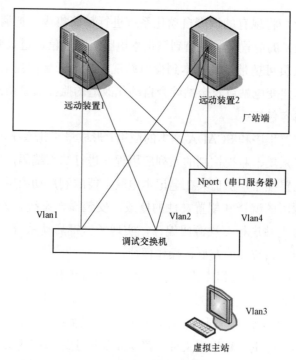

图 4 − 7　调试交换机虚拟局域网 Vlan 划分示意图

　　一是破除通信通道条件的制约。模拟主站将原来厂站建设、通道建设、信息验收的"串行工作模式"，改变成了两个工作面并行推进的工作模式，破除了信息验收依赖通信条件的制约，使信息验收节奏更为灵活，手段更加多元。具体而言，就是在主站和站端具备调试验收条件时，调控人员携带安装有移动式模拟主站的笔记本到现场，按要求对全站所有通道、所有信号开展验证核对工作。待通信通道调试接通后，在调度主站通过远方抽测的方式，检验四遥量信号核对质量，可以确保正确无误，万无一失。

　　二是避免多级调度重复验收。每个变电站至少要向两级调度主站传送信息，反复的传动验收造成大量重复性工作。按此模式，一个 220kV 变电站的信息验收需要电话联络 72h 以上。模拟主站的通信模块可以加载多级调度的全部通道，能同时进行多级调度信息验收，解决了监控信息多次传动、重复验收的问题。待通道建设调试完毕后，只需抽测个别监控信息，验证主站和厂站通信良好，多级调度的监控信息验收工作便全部完成。

三是消除电话联系传动的盲点。传统的信息验收，需要传动双方的调试人员电话沟通，站端看不到主站画面及数据，主站看不到站端作业情况。遇到问题不易排查，验收过程拖沓、冗长。使用移动式模拟主站后，双方调试环境清晰透明，为判断故障提供了直接依据，避免了盲调引起的误解，更安全、更高效。基建厂站时候将数据库进行同步后，携带笔记本到站端进行传动试验，站端传动试验便于控制时间节点及提升传动的灵活性。

第三节　变电站监控信息联调验收
工作典型案例解读分析

一、典型案例 1：遥控调试验收不规范造成误控运行设备

1. 案例内容

某供电公司 110kV××变电站一次接线方式如图 4−8 所示，2 号主变压器的 0122 开关供 10kV 3 号母线运行，经母联 002 开关供 10kV 4 号母线带 062、064、066、068、070 开关运行。

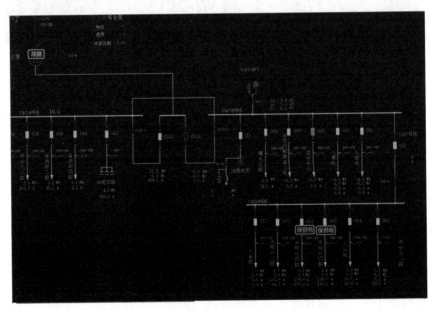

图 4−8　110kV××变电站一次接线图（遥控操作前）

某日该站在新间隔 072 开关投运前，需要进行 072 间隔的四遥量信号核对工作。主站监控员和站端运检人员共同核对遥测、遥信正确无误后，开始进行072 开关遥控分合闸操作。在 072 开关合闸状态下，首先进行 072 开关分闸遥控操作。结果实际遥控执行后发现，072 开关不变位，而该站的母联 002 开关分闸，造成该站 10kV 4 号母线失压。如图 4−9 所示。

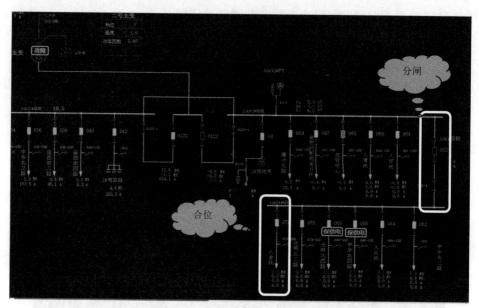

图 4−9　110kV××变电站一次接线图（遥控操作后）

2. 原因分析

　　事后查明，厂家人员将变电站遥控数据库中 072 开关的遥控地址设置错误导致。厂家人员设置 072 开关遥控地址时，直接复制了 002 开关的遥控地址编码，并且未做任何修改，造成主站端虽然发出的是遥控分开 072 开关的指令，但实际执行分闸的设备是 002 开关。

　　上述案例虽然具有一定的特殊性和偶发性，但通过全面深刻的分析，我们可以发现在四遥量调试工作期间遥控操作风险管理存在以下难点：

　　（1）设备遥控调试验收工作受重视程度不够，管理不规范，存在较大的安全隐患。设备遥控调试验收工作作为设备检修停电期间开展的一项工作，往往受重视程度不够，作业管理相对不够规范。但该项工作需要主站端的自动化、调度控制人员与站端的变电检修、变电运维、厂家人员共同配合方可完成，涉及专业范围广、工作人员多，看似简单，实则复杂。

（2）设备遥控调试工作期间的安全把控不严格，误操作概率高。受监控人员数量编制不足，重视程度不够等因素影响，主站端进行遥控调试操作时，往往只有一名调控员和一名自动化人员配合完成，造成调试期间的遥控操作，实质上是单人操作，监护把关、操作核实环节缺失，误操作概率高。

（3）仅靠主站端采取措施防止误遥控操作的安全措施十分有限。遥控操作涉及主站端自动化系统、站端综自设备、主站端与站端通信通道以及其他相关的变电站一次、二次设备等，任意一项技术环节出现异常均有可能发生误遥控操作，因此仅靠在主站端采取安全措施无法完全的防止误控运行设备。

3. 管控措施

（1）所有遥控操作应在自动化系统"调试"责任区中完成。遥控调试操作前，由自动化人员在主站端将拟操作的处于停电状态的设备拖入自动化系统中的"调试"责任区，调试人员登录"调试"区后，仅对调试区内的停电设备具备遥控操作权限，对系统中其他运行开关无遥控操作权限，从而有效地防止主站端误遥控选择。

（2）遥控操作前断开其他所有运行设备的远方遥控回路。站端各间隔设备装设的远方就地把手（或遥控压板）能够接通或断开遥控操作回路，遥控操作前应要求站端运维人员将同一变电站内其他所有运行设备的远方遥控回路断开（退出遥控压板或将远方/就地把手切换至"就地"位置），这是防止误遥控操作最有效的手段之一。

（3）遥控操作前应完成必要的核对和测试工作。遥控操作前，由主站端的自动化人员和现场专业人员逐一核对数据库正确、一致，以防止遥控数据错误录入造成误遥控操作；进行遥控调试操作前，调试人员应与现场运维人员核实，明确后台机已遥控验收正确后方可开始进行远方遥控调试；正式进行遥控验收时，先由监控员进行遥控测试操作，主站端自动化人员和现场保护人员共同核对遥控信息报文正确、一致后，再进行实际遥控操作。

（4）遥控操作时应先进行合闸操作再进行分闸操作。经核实，确实具备实际遥控操作条件后，应在开关分闸状态下，先进行合闸遥控操作，无误后，再进行分闸遥控操作。这样做的好处是：先由主站端发出一个合闸命令，这样一来，即使该命令未指向拟调试设备，而是指向运行设备，由于是合闸命令亦不会造成运行设备分闸，从而可有效避免误控运行设备。

二、典型案例2：联调验收正确，投运后发现主变压器遥测值显示错误

1. 案例内容

9月13日6:00～9月17日20:00，某220kV变电站的2号主变压器及212、112、012开关转检修，工作内容：2号主变压器本体测控装置更换；212、112、012开关的测控装置更换；212开关、112开关、012开关、212-4隔离开关、112-4隔离开关检修，012-4隔离开关更换；2号主变压器保护改定值、保护装置校验、传动212、112、012开关。

9月16日16:25，2号主变压器本体测控装置和212、112、012开关的测控装置更换完毕，站端运维检修人员共同全面验证2号主变压器监控信息完整性、正确性无误，完成监控信息现场验收后向调控中心申请联调验收。

9月16日18:42，调控中心监控员和站端运检人员按照规定的工作流程和要求，联调验收相关设备的遥测、遥信、遥控、监控画面及D5000系统相关功能正确无误，并做好记录。

9月17日19:18，站端设备检修和更换工作全部结束，2号主变压器送电操作完毕恢复正常运行方式后，站端运维人员离站前与调控中心监控员核对设备信息时，发现主站D5000自动化系统与站端后台机画面中显示的2号主变压器212、112、312开关遥测值不一致。

2. 原因分析

事后查明，与调控员完成该站2号主变压器及212、112、012开关的相关一次、二次设备四遥量信息调试工作后，现场调试人员又因其他工作对变电站远动机数据库进行了修改和调整，导致数据库参数发生变化，造成设备切改投运后开关遥测值指示不准确的后果。

3. 管控措施

（1）加强专业管理。进一步完善变电站设备监控信息联调验收工作管理规范，全面规范监控信息接入、变更、调试、验收工作流程。明确要求对于已经主站和站端调试正确后的四遥量信息，任何一方不得随意修改数据库。若须对

数据库修改，双方应该重新履行调试验收工作。

（2）创新调试技术。研发主站远程闭锁站端远动机数据库技术。正常情况下，远动机数据库处于封锁状态。站端人员需要进入远动机数据库修改参数设置时，应先向主站申请，经审核同意后，主站人员输入口令远程解锁，之后站端人员才可对远动机数据库参数进行修改，修改完毕后汇报主站，再将数据库进行远程封锁。